RÉPUBLIQUE FRANÇAISE

MINISTÈRE DE L'AGRICULTURE

ADMINISTRATION DES EAUX ET FORÊTS

EXPOSITION UNIVERSELLE INTERNATIONALE DE 1900

À PARIS

CATALOGUE DES COLLECTIONS

EXPOSÉES

PAR L'ADMINISTRATION DES EAUX ET FORÊTS

AU PALAIS DES FORÊTS, CHASSE, PÊCHE ET CUEILLETTES

PAR M. C. VANEY

INSPECTEUR DES EAUX ET FORÊTS

PARIS

IMPRIMERIE NATIONALE

1900

CATALOGUE DES COLLECTIONS

EXPOSÉES

PAR L'ADMINISTRATION DES EAUX ET FORÊTS

AU PALAIS DES FORÊTS, CHASSE, PÊCHE ET CUEILLETTES

RÉPUBLIQUE FRANÇAISE

MINISTÈRE DE L'AGRICULTURE

ADMINISTRATION DES EAUX ET FORÊTS

EXPOSITION UNIVERSELLE INTERNATIONALE DE 1900

À PARIS

CATALOGUE DES COLLECTIONS

EXPOSÉES

PAR L'ADMINISTRATION DES EAUX ET FORÊTS

AU PALAIS DES FORÊTS, CHASSE, PÊCHE ET CUEILLETTES

PAR M. C. VANEY

INSPECTEUR DES EAUX ET FORÊTS

PARIS

IMPRIMERIE NATIONALE

1900

CATALOGUE DES COLLECTIONS

EXPOSÉES

PAR L'ADMINISTRATION DES EAUX ET FORÊTS

AU PALAIS DES FORÊTS, CHASSE, PÊCHE ET CUEILLETTES.

L'exposition de l'Administration des eaux et forêts occupe une partie du palais construit sur la berge gauche de la Seine, en aval du pont d'Iéna. Elle a été préparée par l'ensemble du personnel, sous la haute direction de M. L. Daubrée, conseiller d'État, directeur des Eaux et Forêts.

Les objets soumis au public peuvent être répartis en cinq groupes correspondant aux principaux services de l'Administration des eaux et forêts, savoir :

1° La gestion des forêts domaniales et des bois communaux soumis au régime forestier, ou la gestion forestière proprement dite;

2° La fixation et l'entretien des dunes;

3° La restauration et la conservation des terrains en montagne;

4° La pêche fluviale;

5° La chasse.

1ᵒ GESTION FORESTIÈRE.

Peuplements. — Consistance des forêts. — Il paraît intéressant de dire tout d'abord quelques mots de la situation forestière de la France.

La France est un pays moyennement boisé.

Les forêts y occupent une étendue de 9,550,000 hectares, qui représentent un peu moins de 18 p, 100 de la superficie totale du territoire. Ce taux de boisement est plus fort que celui de l'Angleterre, de la Belgique, de l'Espagne, du Portugal et de l'Italie, mais il est moins élevé que celui de l'Allemagne, de l'Autriche, de la Russie et de la Suède.

La France s'étend seulement sur 9 degrés de latitude, mais, comme elle renferme de hautes chaînes de montagnes, on y rencontre tous les climats de l'Europe; il en résulte que les espèces d'arbres (*essences* en langage forestier) présentent une grande variété.

Dans la région chaude, qui comprend le pourtour de la Méditerranée, on trouve comme essences principales le chêne-liège, le chêne yeuse ou chêne vert, le pin d'Alep et le pin maritime.

La région océanique du Sud, qui s'étend sur les bords du golfe de Gascogne entre la Gironde et les Pyrénées, est caractérisée par la présence du pin maritime, auquel s'adjoignent, à mesure que l'on s'éloigne du littoral, le chêne vert, le chêne tauzin, le chêne occidental, le chêne rouvre et le chêne pédonculé.

Dans la région moyenne ou tempérée, qui comprend les plaines, les collines et la partie inférieure des montagnes, et qui est de beaucoup la plus étendue, on rencontre le chêne rouvre, le chêne pédonculé, le hêtre, le charme, le frêne, l'aune, le tilleul, le bou-

leau, le peuplier, etc...; on y rencontre également le pin sylvestre, qui y a été introduit artificiellement.

Enfin dans la région froide, comprenant les zones montagneuses
moyenne et supérieure jusqu'à l'extrême limite de la végétation, les
essences les plus importantes sont le sapin pectiné, l'épicéa, le
hêtre, le pin sylvestre, le pin de montagne et le mélèze.

D'une manière générale, on peut admettre que les bois feuillus
occupent environ les trois quarts de l'étendue des forêts et les bois
résineux l'autre quart.

La surface forestière de la France se répartit comme il suit :

	HECTARES.
Forêts de l'État	1,140,000
Forêts des communes et des établissements publics soumises au régime forestier	1,930,000
Forêts des particuliers et forêts des communes non soumises au régime forestier	6,480,000
Total	9,550,000

Les forêts de l'État et les forêts des communes et des établissements publics soumises au régime forestier (3,070,000 hectares)
sont gérées par l'Administration des eaux et forêts; les autres forêts
sont gérées sans contrôle par leurs propriétaires; la seule restriction
mise à l'exercice de leur droit de propriété consiste dans l'interdiction de défricher les bois, lorsqu'ils se trouvent dans certaines conditions spéciales.

Bien que désignées, suivant l'usage, sous le nom de forêts, les
propriétés qui composent le domaine géré par le service forestier ne
sont pas entièrement boisées.

Les forêts de l'État comprennent des étendues considérables de terrains à peine peuplés, ou même complètement nus, que l'État détient dans un but d'intérêt général (périmètres en cours de reboisement, zone littorale de la région des dunes, vacants ou pâturages de montagne, zone de protection, etc...).

Abstraction faite des surfaces improductives, qui occupent 250,000 hectares, les forêts de l'État proprement dites se répartissent suivant leurs modes de traitement, savoir :

HECTARES.

Futaie { régulière	360,000 }		
Futaie { jardinée	100,000 }	460,000	
Conversion de taillis en futaie		120,000	
Taillis sous futaie		290,000	
Taillis simple, sarté ou fureté		20,000	
Total		890,000	

Les forêts communales et d'établissements publics soumises au régime forestier renferment 110,000 hectares seulement de surfaces improductives; les forêts proprement dites de ce groupe se divisent ainsi qu'il suit :

HECTARES.

Futaie { régulière	180,000 }		
Futaie { jardinée	360,000 }	540,000	
Conversion de taillis en futaie		20,000	
Taillis sous futaie		1,000,000	
Taillis simple, sarté ou fureté		260,000	
Total		1.820,000	

Les forêts communales non soumises et les forêts des particuliers sont traitées le plus souvent en taillis simple ou en taillis sous futaie; sauf lorsqu'il s'agit de bois résineux, les propriétaires n'adoptent qu'exceptionnellement le régime de la futaie, qui nécessite l'immobilisation d'un capital ligneux considérable.

Les produits ligneux que l'on retire des forêts se divisent en deux grandes catégories : les *bois de feu* et les *bois d'œuvre*.

Sous le nom général de bois de feu on comprend le bois de quartier, le bois de rondin, la charbonnette, les fagots et les bourrées.

Les bois d'œuvre se subdivisent : 1° en *bois de service* ou *de construction* (bois de charpente, traverses de chemins de fer, étais de mines, bois pour pavage, etc.); 2° en *bois d'industrie* ou *de travail* (bois de menuiserie, d'ébénisterie, de sculpture; de gravure, de tour, de charronnage, de sabotage, de tonnellerie, bois pour la fabrication des caisses d'emballage, de la pâte à papier, des allumettes, etc.).

Les forêts fournissent en outre des écorces à tan, du liège, de la résine et quelques autres produits de moindre importance.

La production ligneuse totale s'élève annuellement, en nombre rond, à 26,000,000 de mètres cubes en grume, savoir :

MÈTRES CUBES.

I. Forêts de l'État	2,900,000
II. Forêts des communes et des établissements publics soumises au régime forestier	4,800.000
III. Forêts des particuliers et forêts communales non soumises	18,300.000
Total	26,000,000

Les deux premiers chiffres ont été déterminés d'après des documents officiels, tandis que le troisième est une moyenne résultant de simples évaluations.

Le chiffre total de la production ligneuse se décompose comme il suit :

MÈTRES CUBES.

Bois d'œuvre	6,000,000
Bois de feu	20,000,000

La répartition de ces produits pour chacun des trois groupes de forêts est la suivante :

		MÈTRES CUBES.
Groupe I.	Bois d'œuvre	1,080,000
	Bois de feu	1,820,000
Groupe II.	Bois d'œuvre	1,250,000
	Bois de feu	3,550,000
Groupe III.	Bois d'œuvre	3,670,000
	Bois de feu	14,630,000

Le revenu budgétaire en argent des forêts de l'État est d'environ 30,500,000 francs.

Le rendement en argent des forêts des communes et des établissements publics soumises au régime forestier est approximativement de 34,000,000 francs.

La France est loin de produire la **quantité de bois d'œuvre** nécessaire à sa consommation ; pendant la dernière période quinquennale (1894 à 1898), la valeur moyenne des importations s'est élevée à 140,480,000 francs, tandis que l'exportation annuelle n'a été que de 41,822,000 francs. Le déficit est donc de 98,648,000 francs. Il y a un léger excédent pour les bois de feu.

Les objets qui se rapportent plus spécialement à la répartition et à l'aspect des peuplements sont les suivants :

1 carte forestière de la France, établie sur les feuilles au 1/500,000, du service géographique de l'armée, sous la direction de M. L. DAUBRÉE, conseiller d'État, directeur des eaux et forêts ;

1 carte des forêts et des périmètres de restauration de la région des Alpes, établie sur les feuilles au 1/200,000, du service géographique de l'armée, par M. LAFOSSE, inspecteur des eaux et forêts ;

1 peinture à l'huile : Clairière forestière, par M. SERVAL, inspecteur adjoint ;

1 fusain : Peuplement de hêtre et sapin, forêt des Chambons (Ardèche), par M. ANTELME, conservateur ;

1 photographie de 60/75 centimètres : Peuplement de pins cembros, forêt des Crottes (Hautes-Alpes) ;

1 photographie de 60/75 centimètres : Mélèzes et pins cembros ;

1 photographie de 60/75 centimètres : Futaie jardinée d'épicéas, forêt de Thones (Haute-Savoie);

1 photographie de 60/75 centimètres : Futaie de sapins, forêt de Callong (Aude);

1 photographie de 60/75 centimètres : Futaie de pins sylvestres, forêt d'Olette (Pyrénées-Orientales);

1 photographie de 60/75 centimètres : Futaie de hêtres, forêt d'Arques (Seine-Inférieure);

1 photographie de 60/75 centimètres : Futaie de chênes, la Réserve, forêt de Tronçais (Allier);

1 photographie de 60/75 centimètres : Futaie de chênes, forêt de Moladier (Allier);

13 photographies de 9/12 centimètres (en deux groupes, l'un de 7, l'autre de 6), relatives au chêne de juin, par M. Gilardoni, conservateur;

1 album de photographies d'arbres et de peuplements;

3 atlas et 3 reliures électriques renfermant les plans et les feuilles signalétiques des forêts domaniales des 7ᵉ, 9ᵉ et 12ᵉ conservations.

Essences. — L'exposition comprend une collection complète des essences indigènes et des essences exotiques cultivées en France, avec l'indication de la provenance et de la densité de chaque échantillon.

Elle comprend pour les feuillus :

597 échantillons se rapprochant à 116 espèces indigènes;
119 échantillons se rapportant à 57 espèces exotiques cultivées en France.

Pour les résineux :

306 échantillons provenant de 18 espèces indigènes;
45 échantillons provenant de 27 espèces exotiques cultivées en France.

ESSENCES FEUILLUES INDIGÈNES.

DÉPARTEMENTS.	NOMS FRANÇAIS.	NOMS LATINS.	DENSITÉ.
		A	
Meurthe-et-Moselle.	Amandier commun..	Amygdalus communis.	1.033
Idem.	Aubépine monogyne.	Crataegus monogyna.	0.744
Idem.	Idem.	Idem.	0.767
Idem.	Idem.	Idem.	0.767
Basses-Pyrénées.	Idem.	Idem.	0.769
Vosges.	Aubépine épineuse.	Crataegus oxyacantha.	0.743
Var.	Idem.	Idem.	0.803
Gironde.	Idem.	Idem.	0.819
Basses-Pyrénées.	Idem.	Idem.	0.860
Vendée.	Arroche Halime.	Atriplex Halimus.	0.657
Var.	Arbousier commun..	Arbutus unedo.	
Idem.	Idem.	Idem.	0.893
Idem.	Idem.	Idem.	1.002
Idem.	Idem.	Idem.	0.959
Landes.	Idem.	Idem.	0.858
Corse.	Idem.	Idem.	0.940
Isère.	Amélanchier commun.	Amélanchier vulgaris.	0.976
Drôme.	Idem.	Idem.	1.057
Idem.	Idem.	Idem.	0.974
Meurthe-et-Moselle.	Alisier terminal.	Sorbus torminalis.	0.743
Var.	Idem.	Idem.	0.989
Seine-et-Marne.	Idem.	Idem.	0.837
Idem.	Idem.	Idem.	0.872
Meurthe-et-Moselle.	Idem.	Idem.	0.914
Ille-et-Vilaine.	Idem.	Idem.	0.796
Meurthe-et-Moselle.	Idem.	Idem.	0.659
Constantine.	Idem.	Idem.	0.817
Seine-et-Marne.	Alisier à larges feuilles.	Acer macrophyllum..	0.839
Idem.	Idem.	Idem.	0.769
Var.	Alisier blanc.	Sorbus aria.	0.850
Meurthe-et-Moselle.	Idem.	Idem.	0.734

DÉPARTEMENTS.	NOMS FRANÇAIS.	NOMS LATINS.	DEN-SITÉ.
Meurthe-et-Moselle.	Alisier blanc........	Sorbus aria........	0.757
Landes............	Idem.............	Idem.............	0.871
Drôme..........	Idem.............	Idem.............	0.924
Doubs..........	Idem.............	Idem.............	0.865
Basses-Pyrénées....	Idem.............	Idem.............	0.938
Var............	Aliboufier officinal...	Styrax officinale.....	0.883
Idem............	Idem.............	Idem.............	0.862
Gironde..........	Ajonc d'Europe.....	Ulex europæus......	0.972
Idem............	Idem.............	Idem.............	0.972
Meurthe-et-Moselle.	Abricotier commun..	Armeniaca vulgaris..	0.872
Corse............	Aune vert.........	Alnus viridis.......	0.697
Isère............	Idem.............	Idem.............	0.732
Idem............	Aune glutineux.....	Alnus glutinosa.....	0.581
Var............	Idem.............	Idem.............	0.571
Marne..........	Idem.............	Idem.............	0.565
Gironde..........	Idem.............	Idem.............	0.619
Corse............	Idem.............	Idem.............	0.571
Alger..........	Idem.............	Idem.............	0.590
Basses-Pyrénées....	Idem.............	Idem.............	0.615
Corse............	Idem.............	Idem.............	0.637
Idem............	Aune cordiforme....	Alnus cordata......	0.650
Idem............	Idem.............	Idem.............	0.609
Idem............	Idem.............	Idem.............	0.548
Idem............	Idem.............	Idem.............	0.650
Hautes-Alpes......	Aune blanc........	Alnus incana.......	0.540
Isère............	Idem.............	Idem.............	0.497
Haute-Savoie......	Idem.............	Idem.............	0.491
Hautes-Alpes......	Idem.............	Idem.............	0.526

B

DÉPARTEMENTS.	NOMS FRANÇAIS.	NOMS LATINS.	DEN-SITÉ.
Deux-Sèvres.......	Bourdaine commune.	Frangula vulgaris...	0.554
Marne..........	Idem.·..........	Idem.............	0.584
Meurthe-et-Moselle.	Idem.............	Idem.............	0.550
Idem............	Idem.............	Idem.............	0.505
Idem............	Idem.............	Idem.............	0.591
Idem............	Idem.............	Idem.............	0.679

DÉPARTEMENTS.	NOMS FRANÇAIS.	NOMS LATINS.	DENSITÉ.
Vendée	Bourdaine commune.	Frangula vulgaris...	
Deux-Sèvres	Idem	Idem	0.511
Puy-de-Dôme	Bouleau verruqueux.	Betula verrucosa	0.771
Pyrénées-Orientales	Idem	Idem	0.782
Marne	Idem	Idem	
Isère	Idem	Idem	0.681
Gironde	Idem	Idem	0.635
Vosges	Idem	Idem	0.657
Basses-Pyrénées	Idem	Idem	0.768
Nord	Idem	Idem	0.663
Corse	Idem	Idem	0.663
Meurthe-et-Moselle	Bouleau pubescent..	Betula pubescens	0.611
Vosges	Idem	Idem	0.633
Var	Buis commun	Buxus sempervirens.	1.028
Idem	Idem	Idem	1.099
Basses-Pyrénées	Idem	Idem	1.162
Saône-et-Loire	Idem	Idem	1.023
Var	Idem	Idem	0.989
Corse	Idem	Idem	1.057
Idem	Idem	Idem	1.131
Idem	Bruyère en arbre...	Erica arborea	0.893
Var	Idem	Idem	0.889
Corse	Idem	Idem	
Idem	Idem	Idem	0.899

C

DÉPARTEMENTS.	NOMS FRANÇAIS.	NOMS LATINS.	DENSITÉ.
Corse	Caroubier commun..	Ceratonia siliqua	0.891
Meurthe-et-Moselle	Cerisier à grappes...	Cerasus padus	0.597
Vosges	Idem	Idem	0.656
Ille-et-Vilaine	Idem	Idem	0.605
Vosges	Idem	Idem	0.637
Haute-Savoie	Idem	Idem	0.646
Marne	Cerisier à fruits acides	Cerasus acida	0.665
Côte-d'Or	Cerisier Mahaleb	Cerasus Mahaleb	
Isère	Idem	Idem	0.842
Meurthe-et-Moselle	Idem	Idem	0.836

DÉPARTEMENTS.	NOMS FRANÇAIS.	NOMS LATINS.	DEN-SITÉ.
Haute-Garonne.....	Cerisier merisier....	Cerasus avium......	0.712
Isère............	Idem............	Idem............	0.654
Puy-de-Dôme.......	Idem............	Idem............	0.785
Gironde.........	Charme commun....	Carpinus betulus....	0.864
Isère...........	Idem............	Idem............	0.759
Meurthe-et-Moselle.	Idem............	Idem,...........	0.833
Nord...........	Idem............	Idem............	0.778
Haute-Garonne.....	Idem............	Idem............	0.817
Tarn-et-Garonne....	Idem............	Idem............	0.764
Aisne...........	Châtaignier commun.	Castanea vulgaris....	0.598
Corse...........	Idem............	Idem............	0.683
Deux-Sèvres.......	Idem............	Idem............	0.671
Idem...........	Idem............	Idem............	0.650
Haute-Garonne.....	Idem............	Idem............	0.709
Haute-Savoie......	Idem............	Idem............	0.591
Ille-et-Vilaine.....	Idem............	Idem............	0.624
Idem...........	Idem............	Idem............	0.588
Pyrénées-Orientales.	Idem............	Idem............	0.592
Puy-de-Dôme.......	Idem,...........	Idem............	0.742
Var............	Idem............	Idem............	
Idem...........	Idem............	Idem............	0.646
Vosges..........	Idem............	Idem............	0.631
Maine-et-Loire.....	Chêne chevelu......	Quercus cerris......	0.843
Doubs..........	Idem............	Idem............	0.902
Idem...........	Idem............	Idem............	0.843
Idem...........	Idem............	Idem............	0.841
Idem...........	Idem............	Icem............	0.898
Var............	Chêne de Foulanes..	Quercus Foulanesii..	0.846
Idem...........	Idem............	Idem............	0.886
Médoc..........	Chêne bâtard.......	Idem............	0.952
Corse..........	Chêne liège........	Quercus suber......	0.954
Pyrénées-Orientales.	Idem............	Idem............	0.964
Var............	Idem............	Idem............	0.869
Idem...........	Idem............	Idem............	0.950
Idem...........	Idem............	Idem............	1.022
Idem...........	Idem............	Idem............	1.022
Idem...........	Idem............	Idem............	0.829

DÉPARTEMENTS.	NOMS FRANÇAIS.	NOMS LATINS.	DEN-SITÉ.
Gironde.........	Chêne occidental. ...	Quercus occidentalis.	0.800
Idem	Idem.............	Idem.............	0.823
Landes..........	Idem.............	Idem.............	0.863
Gironde.........	Idem.............	Idem.............	0.911
Landes..........	Idem.............	Idem.............	0.920
Idem	Idem.............	Idem.............	0.909
Gironde.........	Idem.............	Idem.............	0.768
Idem	Idem.............	Idem.............	0.947
Basses-Pyrénées....	Chêne pédonculé....	Quercus pedunculata.	0.775
Idem.............	Idem.............	Idem.............	0.820
Idem.............	Idem.............	Idem.............	0.830
Idem.............	Idem.............	Idem.............	0.842
Calvados.........	Idem.............	Idem.............	0.854
Doubs..........	Idem.............	Idem.............	0.869
Gironde.........	Idem.............	Idem.............	0.702
Idem.............	Idem.............	Idem.............	0.925
Idem.............	Idem.............	Idem.............	0.766
Idem.............	Idem.............	Idem.............	0.802
Idem.............	Idem.............	Idem.............	0.777
Jura..........	Idem.............	Idem.............	0.767
Hautes-Pyrénées ...	Idem.............	Idem.............	0.741
Haute-Garonne.....	Idem.............	Idem.............	0.850
Jura..........	Idem.............	Idem.............	0.767
Landes..........	Idem.............	Idem.............	0.838
Idem.............	Idem.............	Idem.............	0.827
Loire-Inférieure...	Idem.............	Idem.............	0.676
Loiret..........	Idem.............	Idem.............	0.925
Idem.............	Idem.............	Idem.............	0.785
Lot-et-Garonne....	Idem.............	Idem.............	0.911
Maine-et-Loire.....	Idem.............	Idem.............	0.689
Meurthe-et-Moselle.	Idem.............	Idem.............	0.644
Idem.............	Idem.............	Idem.............	0.647
Nord..........	Idem.............	Idem.............	0.677
Idem.............	Idem.............	Idem.............	0.690
Idem.............	Idem.............	Idem.............	0.685
Idem.............	Idem.............	Idem.............	0.590
Idem.............	Idem.............	Idem.............	0.752

DÉPARTEMENTS.	NOMS FRANÇAIS.	NOMS LATINS.	DEN-SITÉ.
Nord	Chêne pédonculé	Quercus pedunculata.	0.620
Idem	Idem	Idem	0.792
Idem	Idem	Idem	0.741
Orne	Idem	Idem	"
Puy-de-Dôme	Idem	Idem	0.781
Idem	Idem	Idem	0.781
Seine-Inférieure	Idem	Idem	0.858
Seine-et-Marne	Idem	Idem	0.955
Sarthe	Idem	Idem	0.746
Idem	Idem	Idem	0.828
Allier	Chêne rouvre	Quercus sessiliflora	0.648
Idem	Idem	Idem	0.691
Idem	Idem	Idem	0.737
Idem	Idem	Idem	0.737
Aube	Idem	Idem	0.621
Basses-Pyrénées	Idem	Idem	0.764
Corse	Idem	Idem	0.797
Idem	Idem	Idem	1.056
Idem	Idem	Idem	0.601
Idem	Idem	Idem	0.572
Doubs	Idem	Idem	0.786
Idem	Idem	Idem	0.786
Drôme	Idem	Idem	0.951
Haute-Garonne	Idem	Idem	0.977
Isère	Idem	Idem	0.738
Jura	Idem	Idem	0.928
Loire-Inférieure	Idem	Idem	0.701
Idem	Idem	Idem	0.698
Idem	Idem	Idem	0.696
Loiret	Idem	Idem	0.870
Idem	Idem	Idem	0.926
Loir-et-Cher	Idem	Idem	0.786
Idem	Idem	Idem	0.951
Idem	Idem	Idem	0.977
Idem	Idem	Idem	0.738
Lot-et-Garonne	Idem	Idem	0.928
Maine-et-Loire	Idem	Idem	0.701

DÉPARTEMENTS.	NOMS FRANÇAIS.	NOMS LATINS.	DEN-SITÉ.
Meurthe-et-Moselle.	Chêne rouvre.......	Quercus sessiliflora..	0.682
Idem............	Idem.............	Idem.............	0.689
Idem............	Idem.............	Idem.............	0.674
Puy-de-Dôme	Idem.............	Idem.............	0.808
Pyrénées-Orientales.	Idem.............	Idem.............	0.884
Idem............	Idem.............	Idem.............	0.884
Sarthe..........	Idem.............	Idem.............	0.767
Var	Idem.............	Idem.............	0.809
Idem............	Idem.............	Idem.............	1.020
Vosges..........	Idem.............	Idem.............	0.694
Idem............	Idem.............	Idem.............	0.742
Basses-Pyrénées	Chêne tauzin	Quercus toza	0.848
Idem............	Idem.............	Idem.............	0.898
Gironde	Idem.............	Idem.............	0.863
Idem............	Idem.............	Idem.............	0.765
Idem............	Idem.............	Idem.............	0.836
Haute-Garonne.....	Idem.............	Idem.............	0.980
Landes..........	Idem.............	Idem.............	0.768
Hautes-Pyrénées....	Idem.............	Idem.............	//
Landes	Idem.............	Idem.............	0.817
Idem............	Idem.............	Idem.............	0.859
Loire-Inférieure....	Idem.............	Idem.............	0.773
Idem............	Idem.............	Idem.............	0.865
Lot-et-Garonne....	Idem.............	Idem.............	1.115
Maine-et-Loire.....	Idem.............	Idem.............	0.788
Idem............	Idem.............	Idem.............	0.804
Charente-Inférieure.	Chêne yeuse	Quercus Ilex	//
Corse...........	Idem.............	Idem.............	1.061
Idem............	Idem.............	Idem.............	1.052
Idem............	Idem.............	Idem.............	1.039
Idem............	Idem.............	Idem.............	1.146
Idem............	Idem.............	Idem.............	1.145
Gironde	Idem.............	Idem.............	0.913
Idem............	Idem.............	Idem.............	1.000
Hérault..........	Idem.............	Idem.............	1.001
Idem............	Idem.............	Idem.............	1.059
Idem	Idem.............	Idem.............	1.096

DÉPARTEMENTS.	NOMS FRANÇAIS.	NOMS LATINS.	DEN-SITÉ.
Hérault.	Chêne yeuse.	Quercus Ilex.	1.036
Pyrénées-Orientales.	Idem.	Idem.	0.956
Idem	Idem.	Idem.	1.015
Var.	Idem.	Idem.	0.983
Idem	Idem.	Idem.	1.002
Vendée.	Idem.	Idem.	0.974
Idem	Idem.	Idem.	0.973
Idem	Idem.	Idem.	0.949
Meurthe-et-Moselle.	Cornouiller mâle.	Cornus mas.	1.021
Idem	Idem.	Idem.	1.038
Idem	Idem.	Idem.	0.993
Idem	Idem.	Idem.	0.953
Var.	Idem.	Idem.	1.014
Meurthe-et-Moselle.	Cornouiller sanguin.	Cornus sanguinea.	0.966
Idem	Idem.	Idem.	0.808
Idem	Idem.	Idem.	0.872
Idem	Idem.	Idem.	0.816
Idem	Idem.	Idem.	0.765
Basses-Pyrénées.	Coudrier noisetier.	Corylus avellana.	0.620
Idem	Idem.	Idem.	0.620
Meurthe-et-Moselle.	Idem.	Idem.	0.663
Idem	Idem.	Idem.	0.675
Idem	Idem.	Idem.	0.705
Idem	Idem.	Idem.	0.723
Idem	Idem.	Idem.	0.647
Var.	Cytise à trois fleurs.	Cytisus triflorus.	0.775
Doubs.	Cytise des Alpes.	Cytisus alpinus.	0.697
Idem	Idem.	Idem.	0.732
Idem	Idem.	Idem.	0.788
Isère.	Idem.	Idem.	0.867
Idem	Idem.	Idem.	1.080
Meurthe-et-Moselle.	Idem.	Idem.	1.083
Idem	Idem.	Idem.	0.891
Isère.	Idem.	Idem.	"
Drôme	Idem.	Idem.	0.940
Idem	Cytise faux-ébénier.	Cytisus Laburnum.	0.867
Meurthe-et-Moselle.	Idem.	Idem.	0.816

DÉPARTEMENTS.	NOMS FRANÇAIS.	NOMS LATINS.	DEN-SITÉ.
		E	
Meurthe-et-Moselle.	Érable champêtre...	Acer campestre.....	0.676
Idem...	Idem...	Idem...	0.709
Landes...	Idem...	Idem...	0.630
Isère...	Idem...	Idem...	0.778
Idem...	Idem...	Idem...	0.599
Orne...	Idem...	Idem...	"
Var.	Idem...	Idem...	0.810
Basses-Pyrénées...	Idem...	Idem...	0.751
Idem...	Érable à feuille d'obier.	Acer opulifolium...	0.795
Basses-Alpes...	Idem...	Idem...	0.662
Corse...	Idem...	Idem...	0.618
Drôme...	Idem...	Idem...	0.726
Idem...	Idem...	Idem...	0.753
Isère...	Idem...	Idem...	0.853
Idem...	Idem...	Idem...	0.781
Idem...	Idem...	Idem...	0.797
Jura...	Idem...	Idem...	0.838
Charente...	Érable de Montpellier.	Acer Monspessulanum	0.893
Idem...	Idem...	Idem...	0.858
Corse...	Idem...	Idem...	0.843
Deux-Sèvres...	Idem...	Idem...	"
Idem..	Idem...	Idem...	0.794
Idem...	Idem...	Idem...*	0.784
Var...	Idem...	Idem...	0.885
Basses-Pyrénées...	Érable plane...	Acer platanoïdes...	0.705
Isère...	Idem...	Idem...	0.704
Idem...	Idem...	Idem...	0.742
Meurthe-et-Moselle.	Idem...	Idem...	0.768
Idem...	Idem...	Idem...	0.735
Var...	Idem...	Idem...	0.842
Vosges...	Idem...	Idem...	0.563
Idem..	Idem...	Idem...	0.689
Doubs...	Érable sycomore...	Acer pseudo platanus.	0.572
Hérault...	Idem...	Idem...	0.822

DÉPARTEMENTS.	NOMS FRANÇAIS.	NOMS LATINS.	DEN-SITÉ.
Isère............	Érable sycomore....	Acer pseudo platanus.	0.708
Idem............	Idem............	Idem............	0.670
Idem............	Idem............	Idem............	0.636
Meurthe-et-Moselle.	Idem............	Idem............	0.693
Corse............	Idem............	Idem............	0.675
Meurthe-et-Moselle.	Idem............	Idem............	0.678
Idem............	Idem............	Idem............	0.773
Idem............	Idem............	Idem............	0.673
Nord............	Idem............	Idem............	0.605
Idem............	Idem............	Idem............	0.633
Idem............	Idem............	Idem............	0.645
Jura............	Idem............	Idem............	0.722
Vosges............	Idem............	Idem............	0.737
Corse............	Idem............	Idem............	//

F

DÉPARTEMENTS.	NOMS FRANÇAIS.	NOMS LATINS.	DEN-SITÉ.
Corse............	Figuier commun....	Ficus carica........	0.728
Var............	Idem............	Idem............	0.716
Idem............	Idem............	Idem............	0.716
Basses-Pyrénées....	Frêne commun.....	Fraxinus excelsior...	0.854
Idem............	Idem............	Idem............	0.704
Gironde........	Idem............	Idem............	0.735
Isère............	Idem............	Idem............	0.899
Idem............	Idem............	Idem............	0.725
Idem............	Idem............	Idem............	0.817
Idem............	Idem............	Idem............	0.680
Idem............	Idem............	Idem............	0.737
Meurthe-et-Moselle.	Idem............	Idem............	0.722
Nord............	Idem............	Idem............	0.697
Puy-de-Dôme......	Idem............	Idem............	0.803
Idem............	Idem............	Idem............	0.790
Idem............	Idem............	Idem............	0.890
Var............	Idem............	Idem............	0.930
Corse............	Frêne à fleurs......	Fraxinus Ornus.....	0.907
Deux-Sèvres......	Fusain d'Europe....	Evonymus europacus.	0.665
Meurthe-et-Moselle.	Idem............	Idem............	0.650

DÉPARTEMENTS.	NOMS FRANÇAIS.	NOMS LATINS.	DEN-SITÉ.
Meurthe-et-Moselle.	Fusain d'Europe....	Evonymus europaeus.	0.574
Idem.............	Idem.............	Idem.............	0.642
Idem.............	Idem.............	Idem.............	0.692
Var.............	Idem.............	Idem.............	0.706

G

DÉPARTEMENTS.	NOMS FRANÇAIS.	NOMS LATINS.	DEN-SITÉ.
Pyrénées-Orientales.	Gatilier agneau chaste.	Vitex Agnus-Castus..	0.758
Var.............	Genêt épine fleurie...	Genista scorpius.....	//
Corse.............	Grenadier commun..	Punica Granatum...	0.831
Var.............	Idem.............	Idem.............	0.974
Idem.............	Idem.............	Idem.............	1.003

H

DÉPARTEMENTS.	NOMS FRANÇAIS.	NOMS LATINS.	DEN-SITÉ.
Aisne.............	Hêtre commun......	Fagus sylvatica......	0.691
Aveyron..........	Idem.............	Idem.............	//
Basses-Pyrénées....	Idem.............	Idem.............	0.803
Idem.............	Idem.............	Idem.............	0.803
Corse.............	Idem.............	Idem.............	0.734
Idem.............	Idem.............	Idem.............	0.752
Idem.............	Idem.............	Idem.............	0.743
Idem.............	Idem.............	Idem.............	0.712
Doubs.............	Idem.............	Idem.............	0.772
Isère.............	Idem.............	Idem.............	0.759
Idem.............	Idem.............	Idem.............	0.745
Lozère.............	Idem.............	Idem.............	0.744
Idem.............	Idem.............	Idem.............	0.719
Nord.............	Idem.............	Idem.............	0.775
Idem.............	Idem.............	Idem.............	0.662
Idem.............	Idem.............	Idem.............	0.721
Idem.............	Idem.............	Idem.............	0.690
Idem.............	Idem.............	Idem.............	0.691
Idem.............	Idem.............	Idem.............	0.636
Hautes-Alpes......	Hippophaé Rhamoïde.	Hippophaë rhamnoïdes	0.752
Meurthe-et-Moselle.	Idem.............	Idem.............	0.673
Alpes.............	Idem.............	Idem.............	0.868

DÉPARTEMENTS.	NOMS FRANÇAIS.	NOMS LATINS.	DEN-SITÉ.
Meurthe-et-Moselle.	Hippophaé Rhamoïde.	Hippophaë rhamnoïdes	0.610
Idem	*Idem.*	*Idem.*	0,752
Basses-Pyrénées....	Houx commun......	Ilex aquifolium.....	0.892
Corse...........	*Idem.*	*Idem.*	0.886
Gironde.........	*Idem.*	*Idem.*	0.916
Haute-Garonne....	*Idem.*	*Idem.*	0.878
Isère...........	*Idem.*	*Idem.*	0.890
Vendée..........	*Idem.*	*Idem.*	0.896
Idem	*Idem.*	*Idem.*	0.867
Idem	*Idem.*	*Idem.*	0.911
Idem	*Idem.*	*Idem.*	0.865
Var............	*Idem.*	*Idem.*	0.875
Idem	*Idem.*	*Idem.*	0 916
Idem	*Idem.*	*Idem.*	0.916

J

Var............	Jujubier commun....	Zizyphus vulgaris....	//
Idem	*Idem.*	*Idem.*	1.018
Corse...........	*Idem.*	*Idem.*	//

L

Corse...........	Laurier commun....	Laurus nobilis......	0.681
Idem	*Idem.*	*Idem.*	0.780
Var............	*Idem.*	*Idem.*	0.688
Corse...........	Lierre grimpant.....	Hedera Helix.......	0.594
Meurthe-et-Moselle.	*Idem.*	*Idem.*	0.532
Isère...........	*Idem.*	*Idem.*	0.648
Deux-Sèvres......	*Idem.*	*Idem.*	0.643
Seine-et-Marne....	*Idem.*	*Idem.*	0.634

M

Pyrénées-Orientales.	Micocoulier de Pro-vence.........	Celtis Australis.....	0.788
Var............	*Idem.*	*Idem.*	0.690

2.

DÉPARTEMENTS.	NOMS FRANÇAIS.	NOMS LATINS.	DEN-SITÉ.
Var.............	Micocoulier de Provence...........	Celtis Australis.....	//
Idem	Idem...............	Idem..............	0.756
Idem	Myrte commun......	Myrtus communis...	//
Corse............	Idem...............	Idem..............	0.893
Hérault.........	Melia Azedarach	Melia azedarach.....	0.627

N

DÉPARTEMENTS.	NOMS FRANÇAIS.	NOMS LATINS.	DENSITÉ.
France méridionale.	Nerprun Hybride....	Rhamnus Hybrida...	//
Idem	Nerprun des teinturiers.	Rhamnus tinctoria...	0.817
Haute-Garonne.....	Nerprun purgatif....	Rhamnus Cathartica .	0.730
Meurthe-et-Moselle.	Idem..............	Idem..............	0.775
Isère............	Nerprun des Alpes...	Rhamnus alpina	0.775
Var	Nerprun alaterne....	Rhamnus alaternus..	//
Idem	Idem..............	Idem..............	1.015
Drôme	Idem..............	Idem..............	//
Var'.............	Nerion laurier rose..	Nerium oleander....	0.574
Orient..........	Noyer commun.....	Juglans regia.......	0.828
Isère	Idem..............	Idem..............	0.768
Drôme	Idem..............	Idem..............	0.713
Isère	Idem..............	Idem..............	0.824
Idem	Idem..............	Idem..............	0.786
Meurthe-et-Moselle	Idem..............	Idem..............	0.631
Orient..........	Idem..............	Idem..............	0.702
Idem	Idem..............	Idem..............	0.800

O

DÉPARTEMENTS.	NOMS FRANÇAIS.	NOMS LATINS.	DENSITÉ.
Corse	Olivier d'Europe....	Olea Europaea......	1.097
Var	Idem..............	Idem..............	//
Idem	Idem..............	Idem..............	0.836
Idem	Idem..............	Idem..............	//
Idem	Oranger commun....	Citrus aurantium....	0.817
Basses-Pyrénées....	Orme champêtre	Ulmus campestris....	0.613
Corse	Idem..............	Idem..............	0.784
Landes	Idem..............	Idem..............	0.687

DÉPARTEMENTS.	NOMS FRANÇAIS.	NOMS LATINS.	DEN-SITÉ.
MEURTHE-ET-MOSELLE	Orme champêtre....	Ulmus campestris...	0.619
AISNE............	Idem...............	Idem...............	0.590
MEURTHE-ET-MOSELLE	Idem..............	Idem..............	0.760
Idem	Idem..............	Idem..............	0.604
PUY-DE-DÔME......	Idem..............	Idem..............	0.711
Idem	Idem..............	Idem..............	0.704
VAR	Idem..............	Idem..............	0.741
Idem	Idem..............	Idem..............	0.793
VOSGES	Idem..............	Idem..............	0.608
AISNE	Orme diffus........	Ulmus effusa.......	0.594
ARDENNES.........	Idem...............	Idem...............	0.710
Idem	Idem...............	Idem...............	0.575
MEURTHE-ET-MOSELLE.	Idem...............	Idem...............	0.652
MEUSE	Idem...............	Idem...............	//
CORSE	Orme de montagne..	Ulmus montana.....	0.725
HAUT-RHIN........	Idem...............	Idem...............	//
ISÈRE	Idem...............	Idem...............	0.682
Idem	Idem...............	Idem...............	0.659
Idem	Idem...............	Idem...............	0.738
JURA	Idem...............	Idem...............	0.745
MEURTHE-ET-MOSELLE.	Idem...............	Idem...............	0.589
Idem	Idem...............	Idem...............	0.621
HAUTE-SAVOIE			
MEURTHE-ET-MOSELLE.			

P

DÉPARTEMENTS.	NOMS FRANÇAIS.	NOMS LATINS.	DEN-SITÉ.
HAUTE-SAVOIE......	Peuplier blanc......	Populus alba.......	0.584
MEURTHE-ET-MOSELLE.	Idem...............	Idem...............	0.479
NORD	Idem...............	Idem...............	0.500
Idem	Idem...............	Idem...............	0.500
VAR	Idem...............	Idem...............	0.540
VENDÉE...........	Idem...............	Idem...............	0.486
Idem	Idem...............	Idem...............	0.503
MEURTHE-ET-MOSELLE.	Peuplier Grisaille....	Populus canescens...	//
GIRONDE..........	Peuplier noir.......	Populus nigra......	0.585
Idem	Idem...............	Idem...............	0.649

DÉPARTEMENTS.	NOMS FRANÇAIS.	NOMS LATINS.	DEN-SITÉ.
Marne	Peuplier noir	Populus nigra	0.545
Meurthe-et-Moselle.	Idem	Idem	0.423
Idem	Idem	Idem	0.408
Idem	Idem	Idem	"
Idem	Idem	Idem	0.420
Marne	Peuplier pyramidal	Populus nigra fastigiata.	0.484
Oise	Peuplier régénéré	Populus hybrida	"
Corse	Peuplier tremble	Populus tremula	0.594
Haute-Savoie	Idem	Idem	0.610
Meurthe-et-Moselle.	Idem	Idem	0.566
Idem	Idem	Idem	0.544
Puy-de-Dôme	Idem	Idem	0.612
Amérique sept[le]	Peuplier à grandes dents.	Populus grandi dentata.	0.489
Corse	Philaria à feuilles étroites.	Philaria angustifolia.	0.936
Idem	Idem	Idem	1.008
Var	Idem	Idem	1.027
Corse	Philaria à larges feuilles	Phylaria latifolia	0.952
Idem	Idem	Idem	0.983
Idem	Idem	Idem	0.991
Idem	Idem	Idem	1.051
Idem	Idem	Idem	1.012
Idem	Idem	Idem	0.991
Idem	Idem	Idem	1.027
Pyrénées-Orientales.	Idem	Idem	1.037
Tarn	Idem	Idem	"
Var	Idem	Idem	0.963
Idem	Idem	Idem	0.915
Gard	Pistachier commun	Pistacia vera	"
Corse	Pistachier lentisque	Pistacia lentiscus	0.937
Var	Idem	Idem	0.876
Corse	Poirier commun	Pirus communis	0.792
Gironde	Idem	Idem	0.816
Hérault	Idem	Idem	0.799
Idem	Idem	Idem	0.813
Meurthe-et-Moselle.	Idem	Idem	0.707

DÉPARTEMENTS.	NOMS FRANÇAIS.	NOMS LATINS.	DEN-SITÉ.
Meurthe-et-Moselle.	Poirier commun.....	Pirus communis.....	0.707
Idem	Idem...........	Idem...........	0.826
Marne............	Pommier acerbe.....	Malus acerba......	0.833
Meurthe-et-Moselle.	Idem...........	Idem...........	0.825
Idem	Idem...........	Idem...........	0.803
Idem	Idem...........	Idem...........	0.811
Idem	Idem...........	Idem...........	0.803
Var	Idem...........	Idem...........	0.865
Meurthe-et-Moselle.	Pommier commun...	Malus communis....	0.801
Idem	Idem...........	Idem...........	0.723
Hautes-Alpes......	Prunier de Briançon.	Prunus brigantiaca..	0.922
Basses-Pyrénées....	Prunier épineux.....	Prunus spinosa	0.806
Meurtre-et-Moselle.	Idem...........	Idem...........	0.951
Idem	Idem...........	Idem...........	0.709
Idem	Idem...........	Idem...........	0.934
Yonne............	Idem...........	Idem...........	0.944
Meurthe-et-Moselle.	Prunier domestique..	Prunus domestica ...	0.686

R

DÉPARTEMENTS.	NOMS FRANÇAIS.	NOMS LATINS.	DEN-SITÉ.
Hautes-Alpes......	Rosier des chiens....	Rosa canina...... ..	1.044

S

DÉPARTEMENTS.	NOMS FRANÇAIS.	NOMS LATINS.	DEN-SITÉ.
Basses-Pyrénées....	Saule blanc.......	Salix alba..........	0.428
Gironde.........	Idem...........	Idem...........	0.516
Ille-et-Vilaine.....	Idem...........	Idem...........	0.594
Meurthe-et-Moselle.	Idem...........	Idem...........	0.391
Idem	Idem...........	Idem...........	0.381
Jura............	Saule Daphné.......	Salix daphnoïdas....	0.524
Haute-Savoie	Idem...........	Idem...........	0.520
Basses-Alpes......	Idem...........	Idem...........	//
Meurthe-et-Moselle.	Saule cendré	Salix cinerea.......	0.686
Corse	Saule Marceau......	Salix Caproca.......	0.703
Basses-Pyrénées....	Idem...........	Idem...........	0.707
Gironde.........	Idem...........	Idem...........	0.725
Idem	Idem...........	Idem...........	0.623
Ille-et-Vilaine.....	Idem...........	Idem...........	0.554

DÉPARTEMENTS.	NOMS FRANÇAIS.	NOMS LATINS.	DEN-SITÉ.
Meurthe-et-Moselle.	Saule-Marceau......	Salix Caproea.......	0.682
Idem	*Idem*............	*Idem*............	0.607
Idem	*Idem*............	*Idem*............	0.597
Idem	*Idem*............	*Idem*............	0.651
Idem	*Idem*............	*Idem*............	0.617
Var	*Idem*............	*Idem*............	0.715
Vosges...........	Saule à oreillettes...	Salix aurita........	0.608
Meurthe-et-Moselle	Saule à 3 étamines..	Salix triandra.......	0.545
Idem	Saule viminal.......	Salix viminalis......	0.600
Idem	Sorbier domestique..	Sorbus domestica....	0.813
Idem	*Idem*............	*Idem*............	0.795
Idem	*Idem*............	*Idem*............	0.815
Idem	*Idem*............	*Idem*............	0.846
Idem	*Idem*............	*Idem*............	0.813
Puy-de-Dôme......	*Idem*............	*Idem*............	0.875
Pyrénées-Orientales.	*Idem*............	*Idem*............	0.847
Seine-et-Marne	*Idem*............	*Idem*............	0.756
Idem	*Idem*............	*Idem*............	0.925
Var	*Idem*............	*Idem*............	0.939
Meurthe-et-Moselle.	Sorbier hybride.....	Sorbus hybrida.....	0.680
Idem	*Idem*............	*Idem*............	0.624
Vosges...........	Sorbier des oiseleurs.	Sorbus aucuparia....	0.671
Isère	*Idem*............	*Idem*............	0.677
Idem	*Idem*............	*Idem*............	0.722
Idem	*Idem*............	*Idem*............	0.688
Doubs............	*Idem*............	*Idem*............	0.734
Corse............	*Idem*............	*Idem*............	0.679
Lozère...........	Sureau à grappes....	Sambucus racemosa..	0.526
Vosges...........	*Idem*............	*Idem*............	0.570
Meurthe-et-Moselle.	Sureau noir........	Sambucus nigra.....	0.693
Idem	*Idem*............	*Idem*............	0.633
Idem	*Idem*............	*Idem*............	0.636
Vendée...........	*Idem*............	*Idem*............	0.574
Idem	*Idem*............	*Idem*............	0.756
Var............	Spartier-jonc d'Espa-gne.	Spartium junceum...	0.905
Idem	Sumac des corroyeurs.	Rhus coriaria.......	//

DÉPARTEMENTS.	NOMS FRANÇAIS.	NOMS LATINS.	DENSITÉ.
GIRONDE.........	Sarothamne commun.	Sarothamnus vulgaris.	0.794
VOSGES..........	*Idem*.............	*Idem*.............	//

T

DÉPARTEMENTS.	NOMS FRANÇAIS.	NOMS LATINS.	DENSITÉ.
CORSE...........	Tamarix de France..	Tamarix Gallica.....	0.853
CHARENTE-INFÉRIEURE.	*Idem*.............	*Idem*.............	0.650
VENDÉE..........	*Idem*.............	*Idem*.............	0.873
Idem..........	*Idem*.............	*Idem*.............	0.805
ISÈRE...........	*Idem*.............	*Idem*.............	//
Idem..........	Tilleul à grandes feuil-les.	*Idem*.............	0.586
MEURTHE-ET-MOSELLE.	*Idem*.............	Tilia grandifolia.....	0.525
Idem..........	*Idem*.............	*Idem*.............	0.521
Idem..........	*Idem*.............	*Idem*.............	0.512
Idem..........	*Idem*.............	*Idem*.............	0.593
Idem..........	*Idem*.............	*Idem*.............	0.564
VOSGES..........	*Idem*.............	*Idem*.............	0.487
MEURTHE-ET-MOSELLE.	Tilleul à petites feuilles	Tilia parvifolia......	0.523
VAR.............	*Idem*.............	*Idem*.............	0.581
MEURTHE-ET-MOSELLE.	Troëne commun.....	Ligustrum vulgare ..	0.849

V

DÉPARTEMENTS.	NOMS FRANÇAIS.	NOMS LATINS.	DENSITÉ.
CORSE...........	Vigne commune.....	Vitis vinifera.......	0.746
HAUTE-SAVOIE......	*Idem*.............	*Idem*.............	//
MEURTHE-ET-MOSELLE.	Viorne obier........	Viburnum opulus....	//
Idem..........	*Idem*.............	*Idem*.............	0.892
ALPES-MARITIMES....	Viorne tin.........	Viburnum tinus.....	//
CORSE...........	*Idem*.............	*Idem*.............	1.285

ESSENCES FEUILLES EXOTIQUES

CULTIVÉES EN FRANCE.

DÉPARTEMENTS.	NOMS FRANÇAIS.	NOMS LATINS.	DEN-SITÉ.
	A		
Haute-Savoie......	Ailante glanduleux...	Ailanthus glandulosa.	0.712
Japon............	Idem............	Idem............	0.591
Idem............	Idem............	Idem............	0.562
Idem............	Idem............	Idem............	0.740
Idem............	Idem............	Idem............	0.756
Australie........	Casuarine feuilles de Prêle..........	Casuarina equisitifolia	"
Idem............	Casuarine verticillée.	Casuarina verticillata.	"
Amérique septentrio-nale.	Aubépine crête de Coq.	Crataegus crus galli..	"
	C		
Amérique septentrio-nale.	Catalpa cordiforme...	Catalpa cordata.....	0.480
Idem............	Idem............	Idem............	0.485
Orient..........	Cerisier-amandier...	Cerasus lauro cerasus.	0.801
Europe orientale...	Chalef à feuilles étroi-tes.	Eleagnus augustifolia.	0.630
Idem............	Idem............	Idem............	0.609
Amérique septentrio-nale.	Idem............	Idem............	0.664
	E		
Amérique septentrio-nale.	Érable à grandes feuilles.	Acer macrophylum...	0.622
Idem............	Érable jaspé........	Acer striatum.......	0.609
Europe méridionale.	Érable de Lobel.....	Acer Lobelii........	0.917
Amérique septentrio-nale.	Érable Négundo.....	Negundo fraxinifolia..	0.622
Idem............	Idem............	Idem............	0.603
Idem,....	Idem............	Idem............	0.644

DÉPARTEMENTS.	NOMS FRANÇAIS.	NOMS LATINS.	DENSITÉ.
Meurthe-et-Moselle.	Érable polymorphe...	Acer polymorphum..	0.819
Amérique septentrionale.	Érable strié........	Acer striatum.......	0.622
Corse............	Eucalyptus globuleux.	Eucalyptus globulus..	0.726
Australie.........	Idem.............	Idem.............	0.637
Idem	Idem.............	Idem.............	0.823
Idem	Idem.............	Idem.............	0.688
Idem	Idem.............	Idem.............	0.720
Idem	Idem.............	Idem.............	0.577

F

DÉPARTEMENTS.	NOMS FRANÇAIS.	NOMS LATINS.	DENSITÉ.
Asie.............	Févier de la Caspienne	Gleditschia caspica...	//
Chine...........	Févier de la Chine...	Gleditschia sinensia..	1,003
Asie.............	Févier à trois épines..	Gleditschia triacanthos.	0,870
Amérique septentrionale.	Frêne à feuilles de noyer.	Fraxinus juglandifolia	0.834
Idem	Frêne pubescent.....	Fraxinus pubescens..	0.825
Japon...........	Fusain du Japon....	Evonymus japonica..	0.785

G

DÉPARTEMENTS.	NOMS FRANÇAIS.	NOMS LATINS.	DENSITÉ.
Orient...........	Gainier arbre de Judée	Cercis siliquastrum..	0.629
Idem	Idem.............	Idem.............	0.626
Chine...........	Glycine de la Chine..	Wistaria chinensis...	//
Hérault.........	Gymnoclade du Canada.	Gymnocladus canadensis.	0.798
Amérique septentrionale.	Idem.............	Idem.............	0.773
Idem	Idem.............	Idem.............	0.846
Idem	Idem.............	Idem.............	0.796
Idem	Idem.............	Idem.............	0.757
Idem	Idem.............	Idem.............	0.673

K

DÉPARTEMENTS.	NOMS FRANÇAIS.	NOMS LATINS.	DENSITÉ.
Chine...........	Koelreuteria paniculé.	Koelreuteria paniculata.	0.800

DÉPARTEMENTS.	NOMS FRANÇAIS.	NOMS LATINS.	DEN-SITÉ.
		L	
ORIENT............	Lilas commun......	Lilac vulgaris.......	0.894
Idem	*Idem*............	*Idem*............	*n*
Idem	*Idem*............	*Idem*............	0.894
AMÉRIQUE SEPTENTRIO-NALE.	Liquidambar copal...	Liquidambar styraci-flua.	*n*
Idem	Magnolier acuminé..	Magnolia acuminata..	0.714
Idem	*Idem*............	*Idem*............	0.694
		M	
HÉRAULT..........	Marronnier d'Inde...	Oesculus hippocasta-num............	0.629
PERSE............	*Idem*............	*Idem*............	0.536
Idem	Mélia Azédarac.....	Melia azedarach.....	0.572
AMÉRIQUE SEPTENTRIO-NALE.	Micocoulier cordiform.	Celtis cordata.......	0.788
Idem	Micocoulier d'Occi-dent.	Celtis occidentalis...	0.788
ORIENT...........	Micocoulier d'Orient.	Celtis orientalis.....	0.761
ASIE.............	Micocoulier de Tour-nefort.	Celtis Tournefortii...	0.824
Idem	*Idem*............	*Idem*............	0.846
CHINE...........	Mûrier blanc.......	Morus alba.........	0.723
Idem	*Idem*............	*Idem*............	0.712
Idem	*Idem*............	*Idem*............	0.652
Idem	*Idem*............	*Idem*............	0.614
LOZÈRE..........	Mûrier noir.......	Morus nigra........	0.768
ASIE.............	*Idem*............	*Idem*............	0.672
CHINE...........	Mûrier à papier....	Broussonetia payrifera	0.748
		N	
ASIE.............	Noyer à feuilles de frêne.	Juglans fraxinifolia..	0.501
Idem	*Idem*............	*Idem*............	0.534
AMÉRIQUE SEPTENTRIO-NALE.	Noyer noir........	Juglans nigra.......	0.741

DÉPARTEMENTS.	NOMS FRANÇAIS.	NOMS LATINS.	DEN-SITÉ.
Amérique septentrio-nale.	Noyer noir.........	Juglans nigra.......	0.741
Idem............	Idem............	Idem............	0.796

P

DÉPARTEMENTS.	NOMS FRANÇAIS.	NOMS LATINS.	DEN-SITÉ.
Japon............	Paulownia impérial..	Paulownia imperialis.	0.376
Idem............	Idem............	Idem............	0.357
Idem............	Idem............	Idem............	0.357
Amérique septentrio-nale.	Pavia carné........	Pavia carnea.......	0.486
Idem............	Pavia flave.........	Pavia flava.........	0.527
Idem............	Pavia jaune........	Pavia lutea........	0.479
Idem............	Peuplier du Canada..	Populus Canadensis..	0.473
Idem............	Idem............	Idem............	0.473
Idem............	Idem............	Idem............	0.408
Idem............	Idem............	Idem............	0.396
Idem............	Idem............	Idem............	0.382
Idem............	Idem............	Idem............	0.445
Orient...........	Platane d'Orient....	Platanus orientalis...	0.642
Idem............	Idem............	Idem............	0.782
Idem............	Idem............	Idem............	0.788
Idem............	Plaqueminier faux lo-tier.	Diospyros Lotus.....	//
Amérique septentrio-nale.	Plaqueminier de Vir-ginie.	Diospyros virginiana.	0.736
Asie............	Planère crénelé.....	Planeria crenata.....	//
Amérique septentrio-nale.	Idem............	Idem............	0.931
Idem............	Ptelea à trois feuilles.	Ptelea trifoliata.....	0.785
Idem............	Idem............	Idem............	0.785

R

DÉPARTEMENTS.	NOMS FRANÇAIS.	NOMS LATINS.	DEN-SITÉ.
Amérique septentrio-nale.	Robinier faux acacia.	Robinia pseudo acacia	0.661
Idem............	Idem............	Idem............	0.772
Idem............	Idem............	Idem............	0.749

DÉPARTEMENTS.	NOMS FRANÇAIS.	NOMS LATINS.	DEN-SITÉ.
AMÉRIQUE SEPTENTRIO-NALE.	Robinier visqueux...	Robinia viscosa.....	0.722
Idem............	Idem............	Idem............	0.797
Idem............	Idem............	Idem............	0.805

S

DÉPARTEMENTS.	NOMS FRANÇAIS.	NOMS LATINS.	DEN-SITÉ.
JAPON............	Sophora du Japon...	Sophora japonica....	0.631
Idem............	Idem............	Idem............	0.711
AMÉRIQUE SEPTENTRIO-NALE.	Sorbier d'Amérique..	Sorbus aucuparia....	0.659
Idem............	Sumac de Virginie...	Rhus Colinus.......	0.558
Idem............	Idem............	Idem............	0.605
Idem............	Bignone jasmin de Virginie.	Tecoma radicans....	//

T

DÉPARTEMENTS.	NOMS FRANÇAIS.	NOMS LATINS.	DEN-SITÉ.
HONGRIE.........	Tilleul argenté......	Tilia argentea......	//
EUROPE ORIENTALE...	Idem............	Idem............	0.479
AMÉRIQUE SEPTENTRIO-NALE.	Tilleul du Canada...	Tilia Canadensis....	0.478
JAPON............	Troëne du Japon....	Ligustrum japonicum.	0.480
AMÉRIQUE SEPTENTRIO-NALE.	Tulipier de Virginie.	Liriodendron tulipi-fera.	0.513

V

DÉPARTEMENTS.	NOMS FRANÇAIS.	NOMS LATINS.	DEN-SITÉ.
AMÉRIQUE SEPTENTRIO-NALE.	Viorne à feuille de poirier.	Viburnum pirifolium.	0.925

ESSENCES RÉSINEUSES INDIGÈNES.

DÉPARTEMENTS.	NOMS FRANÇAIS.	NOMS LATINS.	DENSITÉ.
		E	
Doubs	Epicea commun	Picea vulgaris	0.404
Idem	Idem	Idem	0.449
Idem	Idem	Idem	0.424
Idem	Idem	Idem	0.498
Idem	Idem	Idem	0.363
Idem	Idem	Idem	0.337
Idem	Idem	Idem	0.410
Idem	Idem	Idem	0.434
Idem	Idem	Idem	0.403
Idem	Idem	Idem	0.414
Gironde	Idem	Idem	0.497
Haute-Savoie	Idem	Idem	0.627
Idem	Idem	Idem	0.455
Idem	Idem	Idem	0.494
Idem	Idem	Idem	0.477
Isère	Idem	Idem	0.577
Idem	Idem	Idem	0.444
Idem	Idem	Idem	0.360
Idem	Idem	Idem	0.580
Idem	Idem	Idem	0.531
Idem	Idem	Idem	0.440
Idem	Idem	Idem	0.492
Idem	Idem	Idem	0.447
Idem	Idem	Idem	0.441
Idem	Idem	Idem	0.531
Idem	Idem	Idem	0.419
Idem	Idem	Idem	0.392
Idem	Idem	Idem	0.463
Idem	Idem	Idem	0.506
Idem	Idem	Idem	0.411
Idem	Idem	Idem	0.300

DÉPARTEMENTS.	NOMS FRANÇAIS.	NOMS LATINS.	DEN-SITÉ.
Isère............	Epicea commun.....	Picea vulgaris......	0.410
Idem	Idem..............	Idem..............	0.414
Idem	Idem..............	Idem..............	0.481
Idem	Idem..............	Idem..............	0.414
Idem	Idem..............	Idem..............	0.462
Idem	Idem..............	Idem..............	0.462
Idem	Idem..............	Idem..............	0.461
Idem	Idem..............	Idem..............	0.464
Idem	Idem..............	Idem..............	0.432
Idem	Idem..............	Idem..............	0.436
Idem	Idem..............	Idem..............	0.538
Lozère...........	Idem..............	Idem..............	0.458
Meurthe-et-Moselle.	Idem..............	Idem..............	0.405
Savoie...........	Idem..............	Idem..............	0.429
Vosges...........	Idem..............	Idem..............	0.389
Idem	Idem..............	Idem..............	0.466
Idem	Idem..............	Idem..............	0.489
Idem	Idem..............	Idem..............	0.451
Idem	Idem..............	Idem..............	0.543
Idem	Idem..............	Idem..............	0.380
Idem	Idem..............	Idem..............	0.400
Idem	Idem..............	Idem..............	0.535
Idem	Idem..............	Idem..............	0.485
Idem	Idem..............	Idem..............	0.420
Idem	Idem..............	Idem..............	0.472
Idem	Idem..............	Idem..............	0.475
Idem	Idem..............	Idem..............	0.443

G

DÉPARTEMENTS.	NOMS FRANÇAIS.	NOMS LATINS.	DEN-SITÉ.
Haute-Garonne.....	Genévrier commun..	Juniperus communis.	0.725
Isère............	Idem..............	Idem..............	"
Seine-et-Marne....	Idem..............	Idem..............	0.638
Idem	Idem..............	Idem..............	0.621
Vienne...........	Idem..............	Idem..............	"
Corse	Genévrier nain......	Juniperus nana.....	0.566
Idem	Genévrier oxycèdre ..	Juniperus oxycedrus.	0.651

DÉPARTEMENTS.	NOMS FRANÇAIS.	NOMS LATINS.	DENSITÉ.
Corse............	Genévrier oxycèdre..	Juniperus oxycedrus.	0.758
Var.............	*Idem*.............	*Idem*.............	*"*
Pyrénées-Orientales.	Genévrier de Phénicie.	Juniperus phœnicea.	*"*
Var.............	*Idem*.............	*Idem*.............	0.918
Basses-Alpes......	Genévrier Sabine....	Juniperus Sabine....	0.461
Hautes-Alpes......	*Idem*.............	*Idem*.............	0.521

<h2 style="text-align:center">I</h2>

DÉPARTEMENTS.	NOMS FRANÇAIS.	NOMS LATINS.	DENSITÉ.
Basses-Pyrénées....	If commun.........	Taxus baccata......	0.756
Corse............	*Idem*.............	*Idem*.............	0.739
Idem............	*Idem*.............	*Idem*.............	0.706
Doubs...........	*Idem*.............	*Idem*.............	0.801
Idem...........	*Idem*.............	*Idem*.............	0.775
Haute-Garonne....	*Idem*.............	*Idem*.............	0.781
Hautes-Pyrénées...	*Idem*.............	*Idem*.............	0.807
Idem...........	*Idem*.............	*Idem*.............	0.766
Hérault..........	*Idem*.............	*Idem*.............	0.705
Jura............	*Idem*.............	*Idem*.............	0.730
Idem...........	*Idem*.............	*Idem*.............	0.670
Var.............	*Idem*.............	*Idem*.............	0.784
Vosges..........	*Idem*.............	*Idem*.............	0.732

<h2 style="text-align:center">M</h2>

DÉPARTEMENTS.	NOMS FRANÇAIS.	NOMS LATINS.	DENSITÉ.
Hautes-Alpes......	Mélèze d'Europe....	Larix europea......	0.607
Idem............	*Idem*.............	*Idem*.............	0.668
Idem............	*Idem*.............	*Idem*.............	0.557
Idem............	*Idem*.............	*Idem*.............	0.567
Idem............	*Idem*.............	*Idem*.............	0.660
Idem............	*Idem*.............	*Idem*.............	0.654
Idem............	*Idem*.............	*Idem*.............	0.623
Haute-Savoie......	*Idem*.............	*Idem*.............	0.607
Idem............	*Idem*.............	*Idem*.............	0.643
Idem............	*Idem*.............	*Idem*.............	0.655
Meurthe-et-Moselle.	*Idem*.............	*Idem*.............	0.438
Nord............	*Idem*.............	*Idem*.............	0.584

DÉPARTEMENTS.	NOMS FRANÇAIS.	NOMS LATINS.	DENSITÉ.
Puy-de-Dôme	Mélèze d'Europe	Larix europæa	0.472
Savoie	Idem	Idem	0.592
Idem	Idem	Idem	0.592
Vosges	Idem	Idem	0.578
Idem	Idem	Idem	0.488
Idem	Idem	Idem	0.530
Idem	Idem	Idem	0.486
Idem	Idem	Idem	0.529

P

DÉPARTEMENTS.	NOMS FRANÇAIS.	NOMS LATINS.	DENSITÉ.
Hérault	Pin d'Alep	Pinus halepensis	0.765
Var	Idem	Idem	»
Idem	Idem	Idem	»
Hautes-Alpes	Pin cembro	Pinus cembra	0.418
Idem	Idem	Idem	0.407
Idem	Idem	Idem	0.418
Idem	Idem	Idem	0.446
Hérault	Pin Laricio des Cévennes.	Pinus Laricio cebennensis.	»
Idem	Idem	Idem	»
Basses-Pyrénées	Pin Laricio des Pyrénées.	Pinus Laracio pyrenaica.	»
Corse	Pin Laricio de Corse.	Pinus Laricio Corsicana.	0.602
Idem	Idem	Idem	0.538
Idem	Idem	Idem	0.579
Idem	Idem	Idem	0.735
Idem	Idem	Idem	0.547
Idem	Idem	Idem	0.571
Idem	Idem	Idem	0.692
Idem	Idem	Idem	0.666
Idem	Idem	Idem	0.672
Idem	Idem	Idem	0.649
Idem	Idem	Idem	0.609
Idem	Idem	Idem	0.777
Idem	Idem	Idem	0.717

DÉPARTEMENTS.	NOMS FRANÇAIS.	NOMS LATINS.	DENSITÉ.
Corse	Pin Laricio de Corse.	Pinus Laricio Corsicana.	0.584
Idem	Idem.	Idem.	0.713
Idem	Idem.	Idem.	0.774
Idem	Idem.	Idem.	0.891
Idem	Idem.	Idem.	0.726
Gironde	Idem.	Idem.	0.576
Loire-Inférieure	Idem.	Idem.	0.629
Idem	Idem.	Idem.	0.629
Marne	Idem.	Idem.	0.687
Nord	Idem.	Idem.	0.627
Puy-de-Dôme	Idem.	Idem.	0.557
Corse	Pin maritime.	Pinus Pinaster.	0.531
Idem	Idem.	Idem.	0.637
Idem	Idem.	Idem.	0.634
Idem	Idem.	Idem.	0.608
Gironde	Idem.	Idem.	0.527
Idem	Idem.	Idem.	0.615
Idem	Idem.	Idem.	0.666
Idem	Idem.	Idem.	0.588
Idem	Idem.	Idem.	0.626
Idem	Idem.	Idem.	0.524
Idem	Idem.	Idem.	0.540
Idem	Idem.	Idem.	0.613
Idem	Idem.	Idem.	0.676
Landes	Idem.	Idem.	0.671
Idem	Idem.	Idem.	0.545
Idem	Idem.	Idem.	0.539
Idem	Idem.	Idem.	0.583
Loire-Inférieure	Idem.	Idem.	0.430
Idem	Idem.	Idem.	0.649
Loiret	Idem.	Idem.	0.532
Idem	Idem.	Idem.	0.599
Puy-de-Dôme	Idem.	Idem.	0.726
Pyrénées-Orientales.	Idem.	Idem.	0.561
Seine-et-Marne	Idem.	Idem.	0.600
Idem	Idem.	Idem.	0.583

DÉPARTEMENTS.	NOMS FRANÇAIS.	NOMS LATINS.	DEN-SITÉ.
Var.............	Pin maritime.......	Pinus Pinaster......	0.674
Idem............	Idem............	Idem............	0.579
Idem............	Idem............	Idem............	0.624
Vendée...........	Idem.	Idem............	0.576
Idem............	Idem.......	Idem............	0.589
Idem............	Idem............	Idem............	0.549
Idem............	Idem............	Idem............	0.573
Idem............	Idem............	Idem............	0.472
Idem............	Idem............	Idem............	0.577
Idem............	Idem............	Idem............	0.534
Doubs............	Pin de montagne....	Pinus montana.....	0.491
Idem............	Idem............	Idem	0.555
Idem............	Idem............	Idem	0.488
Idem............	Idem............	Idem	0.540
Drôme............	Idem...	Idem	0.664
Hautes-Alpes......	Idem............	Idem	0.583
Idem............	Idem............	Idem	0.558
Idem............	Idem............	Idem	0.441
Idem............	Idem............	Idem	0.526
Idem............	Idem............	Idem	0.454
Haute-Garonne	Idem............	Idem	0.680
Idem............	Idem............	Idem	0.558
Idem............	Idem............	Idem	0.551
Hautes-Pyrénées...	Idem............	Idem	0.575
Idem............	Idem............	Idem	0.541
Pyrénées-Orientales.	Idem............	Idem	0.547
Idem............	Idem............	Idem	0.587
Idem............	Idem............	Idem	0.572
Idem............	Idem............	Idem	0.587
Idem............	Idem............	Idem	0.621
Vosges...........	Idem............	Idem	0.589
Idem............	Idem............	Idem	0.601
Landes...........	Pin pinier.........	Pinus pinea........	0.667
Idem............	Idem............	Idem	0.521
Pyrénées-Orientales.	Idem............	Idem	0.651
Var.............	Idem............	Idem	0.621

DÉPARTEMENTS.	NOMS FRANÇAIS.	NOMS LATINS.	DEN-SITÉ.
Var	Pin pinier	Pinus pinea	0.594
Idem	Idem	Idem	⁕
Idem	Idem	Idem	0.631
Basses-Pyrénées	Pin sylvestre	Pinus sylvestris	0.564
Cantal	Idem	Idem	0.631
Drôme	Idem	Idem	0.610
Gironde	Idem	Idem	0.531
Hautes-Alpes	Idem	Idem	0.501
Idem	Idem	Idem	0.650
Hautes-Pyrénées	Idem	Idem	0.606
Idem	Idem	Idem	0.572
Idem	Idem	Idem	0.590
Idem	Idem	Idem	0.563
Isère	Idem	Idem	0.621
Loire-Inférieure	Idem	Idem	0.405
Loiret	Idem	Idem	0.519
Lozère	Idem	Idem	0.465
Idem	Idem	Idem	0.600
Idem	Idem	Idem	0.586
Idem	Idem	Idem	0.600
Idem	Idem	Idem	0.647
Idem	Idem	Idem	0.701
Idem	Idem	Idem	0.522
Idem	Idem	Idem	0.600
Marne	Idem	Idem	0.662
Nord	Idem	Idem	0.615
Puy-de-Dôme	Idem	Idem	0.520
Pyrénées-Orientales	Idem	Idem	0.536
Sarthe	Idem	Idem	0.534
Idem	Idem	Idem	0.538
Idem	Idem	Idem	0.666
Idem	Idem	Idem	0.580
Var	Idem	Idem	0.553
Idem	Idem	Idem	0.455
Vosges	Idem	Idem	0.483
Idem	Idem	Idem	0.564

DÉPARTEMENTS.	NOMS FRANÇAIS.	NOMS LATINS.	DEN-SITÉ.
		S	
Aude	Sapin pectiné	Abies pectinata	0.493
Idem	Idem	Idem	0.553
Idem	Idem	Idem	0.387
Idem	Idem	Idem	0.510
Idem	Idem	Idem	0.491
Idem	Idem	Idem	0.486
Idem	Idem	Idem	0.708
Idem	Idem	Idem	0.452
Idem	Idem	Idem	0.478
Idem	Idem	Idem	0.530
Idem	Idem	Idem	0.592
Idem	Idem	Idem	0.525
Idem	Idem	Idem	0.528
Idem	Idem	Idem	0.537
Basses-Pyrénées	Idem	Idem	0.631
Idem	Idem	Idem	0.462
Corse	Idem	Idem	0.547
Idem	Idem	Idem	0.438
Idem	Idem	Idem	0.522
Idem	Idem	Idem	0.449
Idem	Idem	Idem	0.449
Drôme	Idem	Idem	0.489
Doubs	Idem	Idem	0.446
Idem	Idem	Idem	0.390
Idem	Idem	Idem	0.442
Idem	Idem	Idem	0.458
Idem	Idem	Idem	0.307
Idem	Idem	Idem	0.524
Idem	Idem	Idem	0.462
Idem	Idem	Idem	0.479
Idem	Idem	Idem	0.485
Idem	Idem	Idem	0.517
Idem	Idem	Idem	0.478
Hautes-Alpes	Idem	Idem	//
Idem	Idem	Idem	0.434

DÉPARTEMENTS.	NOMS FRANÇAIS.	NOMS LATINS.	DENSITÉ.
Hautes-Pyrénées....	Sapin pectiné......	Abies pectinata.....	0.494
Idem............	Idem............	Idem............	0.489
Idem............	Idem............	Idem............	0.551
Idem............	Idem............	Idem............	0.512
Idem............	Idem............	Idem............	0.482
Haute-Savoie......	Idem............	Idem............	0.443
Idem............	Idem............	Idem............	0.410
Idem............	Idem............	Idem............	0.464
Idem............	Idem............	Idem............	0.383
Isère............	Idem............	Idem............	0.531
Idem............	Idem............	Idem............	0.541
Jura............	Idem............	Idem............	0.408
Idem............	Idem............	Idem............	0.432
Idem............	Idem............	Idem............	0.443
Idem............	Idem............	Idem............	0.381
Idem............	Idem............	Idem............	0.412
Idem............	Idem............	Idem............	0.529
Puy-de-Dôme......	Idem............	Idem............	0.529
Idem............	Idem............	Idem............	0.454
Idem............	Idem............	Idem............	0.504
Var............	Idem............	Idem............	0.504
Idem............	Idem............	Idem............	0.499
Vosges............	Idem............	Idem............	0.560
Idem............	Idem............	Idem............	0.516
Idem............	Idem............	Idem............	0.512
Idem............	Idem............	Idem............	0.540
Idem............	Idem............	Idem............	0.442
Idem............	Idem............	Idem............	0.450
Idem............	Idem............	Idem............	0.462
Idem............	Idem............	Idem............	0.507
Idem............	Idem............	Idem............	0.444
Idem............	Idem............	Idem............	0.500
Idem............	Idem............	Idem............	0.450
Idem............	Idem............	Idem............	0.486
Idem............	Idem............	Idem............	0.476
Idem............	Idem............	Idem............	0.461

ESSENCES RÉSINEUSES EXOTIQUES

CULTIVÉES EN FRANCE.

DÉPARTEMENTS.	NOMS FRANÇAIS.	NOMS LATINS.	DEN-SITÉ.
	C		
Indes Orientales . . .	Cèdre Déodara	Cedrus Deodara	0.582
Meurthe-et-Moselle.	Cèdre du Liban	Cedrus Libani	0.450
Amérique septentrio-nale.	Chamœcyparis de Boursier.	Chamœcyparis Bour-sieri.	//
Japon	Cryptoméria du Japon.	Cryptomeria japonica.	//
Amérique septentrio-nale.	Cyprès de Lambert. .	Cupressus lambertiana	0.550
Corse	Cyprès pyramidal	Cupressus fastigiata . .	0.518
Var	Idem	Idem	0.598
Indes Orientales . . .	Cyprès toruleux	Cupressus torulosa corneyana.	0.574
	E		
Vosges	Epicea blanc	Picea alba	0.396
	G		
Amérique septentrio-nale.	Genévrier de Virginie.	Juniperus virginiana.	//
Nord	Idem	Idem	0.508
Amérique septentrio-nale.	Idem	Idem	0.582
Idem	Idem	Idem	0.557
Idem	Idem	Idem	0.500
Haute-Savoie	Gingko Bilobé	Gingko biloba	0.540
Chine	Idem	Idem	0.425
	I		
Amérique septentrio-nale.	If du Canada	Taxus canadensis	//

DÉPARTEMENTS.	NOMS FRANÇAIS.	NOMS LATINS.	DEN-SITÉ.
		P	
Eure	Pin élevé	Pinus excelsa	//
Seine-et-Marne	Pin hérissé	Pinus pungens	0.537
Idem	Idem	Idem	0.544
Idem	Pin laricio de Calabre.	Pinus laricio calabrica.	//
Marne	Pin laricio d'Autriche.	Pinus laricio austriaca.	0.662
Meurthe-et-Moselle.	Idem	Idem	0.569
Idem	Idem	Idem	//
Puy-de-Dôme	Pin Weymouth	Pinus strobus	0.436
Idem	Idem	Idem	0.402
Amérique septentrio-nale.	Idem	Idem	0.320
Idem	Idem	Idem	0.379
Idem	Idem	Idem	0.422
Eure	Pin de lord Weymouht.	Idem	//
Idem	Pin remarquable	Pinus insignis	//
		S	
Amérique septentrio-nale.	Sapin Baumier	Abies Balsamifera	0.462
Orient	Sapin de Cilicie	Abies cilicica	0.750
Asie.	Sapin de Nordmann	Abies Nordmanniana.	0.483
Meurthe-et-Moselle.	Séquoïa géant	Sequoïa gegantea	0.420
Amérique septentrio-nale.	Sapinette du Canada.	Tsuga canadensis	0.545
		T	
Amérique septentrio-nale.	Thuia de Menziès	Thuia Menziesii	//
Idem	Thuia d'Occident	Thuia occidentalis	0.395
Idem	Idem	Idem	0.419
Idem	Thuia du Canada	Thuia canadensis	//
Idem	Pseudotuga de Dou-glas.	Pseudotsuga Douglasii	//
Nord	Thuia d'Orient	Biota orientalis	0.335
Chine.	Idem	Idem	0.655
Orient.	Idem	Idem	//
Idem	Idem	Idem	0.708

54 rondelles de bois sont, en outre, disposées çà et là dans les diverses parties du palais.

NOMS FRANÇAIS.	NOMS LATINS.	ÂGE.	ORIGINE.	
			LOCALITÉS.	DÉPARTEMENTS.
BOIS FEUILLUS.				
Érable sycomore.	Acer pseudoplatanus..	66	Prémol............	Isère.
Frêne commun..	Fraxinus excelsior...	102	Lyons.............	Eure.
Hêtre commun..	Fagus sylvatica......	218	Idem.............	Idem.
Idem..........	Idem.............	222	Idem.............	Idem.
Idem..........	Idem.............	226	Idem.............	Idem.
Idem..........	Idem.............	138	Vercors..........	Drôme.
Idem *........	Idem.............	105	Veauville-les-Baons...	Seine-Inférieure
Orme champêtre*	Ulmus campestris...	90	Yvetot............	Idem.
Idem **........	Idem.............	93	Villequier.........	Idem.
BOIS RÉSINEUX.				
Mélèze d'Europe.	Larix europaea......	105	Névache...........	Hautes-Alpes.
Idem...........	Idem.............	476	La Salle..........	Idem.
Idem...........	Idem.............	75	Les Chabottes.......	Idem.
Idem...........	Idem.............	398	Vars.............	Idem.
Idem...........	Idem.............	273	Guillestre.........	Idem.
Idem...........	Idem.............	180	Idem.............	Idem.
Pin sylvestre....	Pinus sylvestris.....	220	Théus............	Idem.
Pin maritime...	Pinus pinaster......	25	Idem.............	Landes.
Pin laricio......	Pinus laricio Corsicana	351	Idem.............	Corse.
Sapin pectiné...	Abies pectinata......	132	Poligny...........	Hautes-Alpes.
Idem...........	Idem.............	142	Idem.............	Idem.
Idem...........	Idem.............	116	Vercors..........	Drôme.
Idem...........	Idem.............	118	Tréminis..........	Isère.
Idem...........	Idem.............	132	Idem.............	Idem.
Idem...........	Idem.............	128	Idem.............	Idem.
Idem...........	Idem.............	150	Grande-Chartreuse...	Idem.
Idem...........	Idem.............	80	Idem.............	Vosges.
Épicéa commun.	Picea excelsa........	140	Vercors...........	Drôme.
Idem...........	Idem.............	99	Idem.............	Idem.
Idem...........	Idem.............	144	Lus-la-Croix-Haute...	Idem.
Idem...........	Idem.............	193	Idem.............	Idem.
Idem...........	Idem.............	193	Saint-Hugon........	Isère.

* Don de M. Senicol, à Yvetot.
** Don de M. Bardel, à Caudebec.

NOMS FRANÇAIS.	NOMS LATINS.	ÀGE.	ORIGINE.	
			LOCALITÉS.	DÉPARTEMENTS.
Épicéa commun.	Picea excelsa........	71	Saint-Martin-d'Uriage	Isère.
Idem.........	Idem..............	116	Sechélienne........	Idem.
Idem.........	Idem..............	81	Chalonge..........	Idem.
Idem.........	Idem..............	93	Rioupéroux........	Idem.
Idem.........	Idem..............	91	Idem..............	Idem.
Idem.........	Idem..............	92	Idem..............	Idem.
Idem.........	Idem..............	91	Idem..............	Idem.
Idem...	Idem..............	106	Prémol............	Idem.
Idem.........	Idem..............	155	Hery-Ugine........	Haute-Savoie.
Idem.........	Idem..............	161	St-Nicolas-la-Chapelle.	Idem.
Idem.........	Idem..............	89	Cohennoz.........	Idem.
Idem.........	Idem..............	125	Ugine.............	Idem.
Idem.........	Idem..............	84	Les Clefs..........	Idem.
Idem.........	Idem..............	77	Manigod...........	Idem.
Idem.........	Idem..............	64	Reyvioz...........	Idem.
Idem.........	Idem..............	155	Idem..............	Idem.
Idem.........	Idem..............	84	Bourg-Saint-Maurice.	Savoie.
Idem.........	Idem..............	267	Sainte-Foy........	Idem.
Idem.........	Idem..............	246	Villoraget.........	Idem.
Idem.........	Idem..............	55	Gérardmer........	Vosges.
Idem.........	Idem..............	200	Guillestre.........	Hautes-Alpes.

Des plants de conifères indigènes et exotiques dont la liste suit ont été extraits des pépinières de l'école secondaire des Barres, à Nogent-sur-Vernisson (Loiret), et utilisés pour l'ornementation de l'Exposition.

Abies concolor.
— var. violacea.
— var. lasiocarpar.
Abies numidica.
Abies cephalonica.
— var. Reginae ancliae.
Abies grandis.
Abies nordmania.
Abies pinsapo.
Abies pectinata.
Abies balsamea.
Abies Fraseri.
Abies nobilis.
Picea pungeris.
— var. glauca.
Picea orientalis.
— var. oniorika.
Picea var. ajanensis.
Picea nigra.
Picea alba.
Picea morinda.
Picea excelsa, var. Dicksoni.
— var. Remonti.
Tsuga canadensis.
Tsuga mertensis.
Pseudotsuga Douglasis.
— var. glauca.
Cedrus atlantica.
Cedrus deodora.
Sequoia gigantea.
Libro cedrus decurrens.
Thuya Lobii.
Chamaecyparis lawsoniana.
— var. lutescens.

Chamæcyparis nutkœnsis.
Biota orientalis aurea.
Biota orientalis lutea.
Taxus baccata.
— *var.* hibernica.
Juniperus virginiana.
Juniperus chinensis.

Juniperus communis *var.* cuecica.
— *var.* stricta.
Cryptomeria japonica.
Cryptomeria japonica elegans.
Cephalotaxus pedunculata *var.* jestigiata.
Pinus montana (mugho).
Pinus cembra.

L'Exposition comprend, en outre, une collection de graines des diverses essences et de cônes de résineux :

GRAINES.

Nos.	ESSENCES.
1	Callitris quadrivalvis.
2	Widdringtonia.
3	Frenela australis.
4	Frenela robusta.
5 / 5 bis	Libocedrus decurrens.
6	Thuia occidentalis.
7 / 7 bis	Biota orientalis.
8	Biota meldensis.
9 / 10	Chamæcyparis Lawsoniana.
11 / 12 / 13	Chamæcyparis pisifera.
14	Chamæcyparis obtusa.
15	Cupressus sempervirens.
16	Cupressus horizontalis.
17	Cupressus fastigiata.
18 / 18 bis / 19 / 20	Cupressus toruloza.
21 / 22	Cupressus lusitanica.
23	Cupressus Knightiana.
24 / 25	Cupressus funebris.

Nos.	ESSENCES.
26	Cupressus Mac-Nabiana.
27	Cupressus macrocarpa.
28	Cupressus Goveniana.
29	Juniperus sabina.
30 / 31	Juniperus excelsa.
32	Juniperus phœnicea.
33	Juniperus phœnicea lycia.
34	Juniperus chinensis.
35	Juniperus japonica.
36	Juniperus prostrata.
37	Juniperus communis.
38	Juniperus communis hibernica.
39	Juniperus communis suerica.
40	Juniperus oxycedrus.
41	Juniperus drupacea.
42 / 42 bis / 43 / 44	Cryptomeria japonica.
45	Taxodium mexicanum.
46 / 47	Sequoia sempervirens.
48	Sequoia gigantea.
49	Sequoia baccata.
50	Cephalotaxus pedunculata.
51	Cephalotaxus fortunei.

Nᵒˢ.	ESSENCES.
52	Cephalotaxus drupacea.
53	Torreya nucifera.
54	Torreya californica.
55	Gingko bibola.
56	Prodocarpus macrophylla.
57	
57 bis	Cuninghania sinensis.
58	
59	Eutacta excelsa.
60	Araucaria Brasiliensis.
61	Sciadopitys verticillata.
62	Pinus muricata.
63	Pinus mitis.
64	
64 bis	Pinus pinea.
65	
65 bis	
66	Pinus pinaster.
67	
68	
69	
70	Pinus halepensis.
71	
72	
73	
74	
75	
76	
77	Pinus sylvestris.
78	
79	
80	
81	
82	
83	
83 bis	
84	Pinus montana.
85	
86	
87	
88	
89	Pinus montana.
90	
91	
92	
92 bis	
93	Pinus laricio.
94	
95	
96	
96 bis	Pinus laricio monspeliensis.
97	
98	Pinus laricio austriaca.
99	Pinus densiflora.
100	Pinus massoniana.
101	Pinus longifolia.
102	Pinus canariensis.
103	Pinus edulis.
104	Pinus monophylla.
105	Pinus Parryana.
106	Pinus Torreyana.
107	Pinus Sabiniana.
108	Pinus coulteri.
109	
110	Pinus ponderosa.
111	Pinus Jeffreyi.
112	Pinus australis.
113	Pinus tæda.
114	Pinus rigida.
115	Pinus tuberculata.
116	Pinus insignis.
117	
118	
119	Pinus cembra.
120	
121	Pinus Koraiensis.

Nᵒˢ.	ESSENCES.	Nᵒˢ.	ESSENCES.
122	Pinus parviflora.	158	
123	Pinus excelsa.	158 ᵇⁱˢ	Abies sibirica.
124		159	
125	Pinus strobus.	160	Abies Veitchii.
126	Pinus Lambertiana.	161	Abies Fraseri.
127		162	Abies balsamea.
128	Picea nigra.	163	Abies amabilis.
129		164	Abies grandis.
130	Picea alba.	165	Abies magnifica.
131	Picea cœrula.	166	Abies nobilis.
132	Picea Engelmanni.	167	Cedrus Libani.
133	Picea pugens.	168	Cedrus atlantica.
134		169	Cedrus Deodara.
135		170	Larix leptolepsis.
136	Picea excelsa.	171	
137		172	
137 ᵇⁱˢ		173	
138	Picea morinda.	174	
139	Picea orientalis.	175	
140	Picea alcockiana.	176	Larix europœa.
141	Picea polita.	177	
142		178	
143	Picea sitchensis.	179	
144		180	
145	Tsuga Sieboldi.	181	Larix dahurica.
146	Tsuga Brunoniana.	182	Larix americana.
147		183	Casuarina stricta.
148	Tsuga canadensis.	184	
149		185	Casuarina tenuissima.
150	Tsuga Mertensiana.	186	
151	Tsuga Pattoniana.	187	Casuarina quadrivalvis.
152		188	Casuarina equisetifolia.
152 ᵇⁱˢ	Abies pectinata.	189	
153	Abies Nordmanniana.	189 ᵇⁱˢ	Populus nigra.
154	Abies pinsapo.	190	
155	Abies Numidica.	190 ᵇⁱˢ	Populus tremula.
156	Abies firma.	191	
157	Abies brachyphylla.	191 ᵇⁱˢ	Populus alba.

Nos	ESSENCES.	Nos	ESSENCES.
192	Salix alba.	226	Quercus rubra *rar. amb.*
193	Salix viminalix.	227	Quercus Banisteri.
194 / 194 bis	Salix vitellina.	228	Castanea vesca.
		229	Castana vesca americana.
195	Salix purpurea.	230	Castana vesca pumila.
196 / 195 bis	Salix capræa.	231	Fagus sylvatica.
		232	Juglans regia.
197	Platanus occidentalis.	233	Juglans Sieboldina.
198	Platanus orientalis.	234	Juglans cordiformis.
199	Liquidambar styraciflua.	235	Juglans cinerea.
200	Alnus communis.	236	Carya tomentosa.
201 / 201 bis	Alnus incana.	237	Carya amara.
		238	Carya olivæformis.
202	Alnus maritima.	239	Carya porcina.
203	Alnus viridis.	240	Carya alba.
204	Betula alba.	240 bis	Ptelea trifoliata.
205 / 205 bis	Betula lenta.	241 / 241 bis	Ulmus campestris.
206	Betula populifolia.	242	Ulmus montana.
207	Betula papyrifera.	243	Planera japonica.
208	Betula lutea.	244	Celtis australis.
209	Hamamelis virginica.	245	Celtis occidentalis.
210	Corylus avellana.	246	Fraxinus excelsior.
211	Corylus colurna.	247	Fraxinus australis oxyphylla.
212	Carpinus Bétulus.	248	Fraxinus oxyphylla.
213	Quercus pedunculata.	249	Fraxinus ornus.
214	Quercus robur.	250	Fraxinus sinensis.
215	Quercus tozza.	251	Fraxinus viridis.
216	Quercus Mirbeckii.	252	Fraxinus americana alba.
217	Quercus ilex.	253	Fraxinus americana lutea.
218	Quercus ilex latifolio.	254	Fraxinus oregonensis.
219	Quercus ballota.	255	Eucalyptus resinifera.
220	Quercus suber occidentalis.	256	Eucalyptus globulus.
221	Quercus Aegylops.	257	Eucalyptus Gunnii.
222	Quercus Castesbaci.	258	Eucalyptus amydalina.
223	Quercus lyrata.	259	Wisteria frutescens.
224	Quercus olivæformis.	260	Cercis siliquatrum.
225	Quercus rubra.	261	Robinia pseudo-acacia.

Nᵒˢ.	ESSENCES.	Nᵒˢ.	ESSENCES.
262	Caragana arborescens.	283	Rhus typhina.
263	Sophora Japonica.	284	Rhus vernicefera.
264	Amorpha fructicosa.	285	Rhamnus alaternus.
265	Colutea arborescens.	286	Rhamnus cartbartica.
266	Colutea cruenta.	287	Rhamnus frangula.
267	Gleditschia Japonica.	288	Acer negundo.
268	Gleditschia ferox.	289	Acer saccharinum.
269	Gleditschia triacanthos.	290	Acer Pensylvanicum.
270	Acacia cyanophylla.	291	Acer pseudo-platanus.
271	Acacia eburnea.	292	Acer Macrophyllum.
272	Acacia melanoxylon.	293	Acer platanoïdes.
273	Acacia dealbata.	294	Acer campestre.
274	Acacia Nemu.	295	Acer Neapolitanum.
275	Acacia Farnesiana.	296	Acer creticum.
276	Acacia Arabica.	297	Acer Tartaricum.
277	Acacia leiophylla.	298	Acer Ginnala.
278	Acacia Julibrissin.	299	Acer platyphylla.
279	Rhus toxicodendron.	300	Tillia sylvestris.
280	Rhus coriarix.	301	Tillia argentea.
281	Rhus glabra.	302	Tillia americana.
282	Rhus copallina.	303	Magnolia acuminata.

CÒNES.

Nᵒˢ.	ESSENCES.	Nᵒˢ.	ESSENCES.
1	Casuarina equistifolia.	7	Colymbea Bidivilli.
2	Cupressus macrocarpa.	8	Eutacta Cunninghami.
3	Sequoia gigantea.	9	Eutacta Brasiliensis.
4		10	Araucaria imbricata.
5	Cuninghamia Sinensis.	11	Sciadopitys verticillata.
6	Eutacta Cookii.	12	Pinus muricata.

N°.	ESSENCES.	N°.	ESSENCES.
13	Pinus pungens*.	47	Pinus laricio Austriaca.
14	Pinus inops.	48	
15	Pinus mitis.	49	Pinus resinosa.
16	Pinus Banksiana.	50	Pinus densiflora*.
17	Pinus contorta*.	51	Pinus Massoniana*.
18	Pinus contorta Murrayana.	52	Pinus patula.
19	Pinus pinea.	53	Pinus pseudopatula.
20	Pinus pinaster.	54	Pinus Canariensis.
21		55	Pinus Bungeana.
22		56	Pinus osteosperma.
23	Pinus halepensis.	57	Pinus Torreyana.
24		58	Pinus Sabiniana.
25		59	Pinus Coulteri.
26	Pinus pyrenaïca.	60	Pinus ponderosa*.
27		61	Pinus Jeffreyi*.
28	Pinus sylvestris.	62	Pinus Australis.
29		63	Pinus rigida.
30		64	Pinus tuberculata.
31		65	Pinus Montezuma.
32		66	Pinus Wincesteriana.
33		67	Pinus Weitchii.
34	Pinus montana.	68	Pinus cembra*.
35		69	
36		70	
37		71	
38		72	Pinus parviflora*.
39		73	Pinus excelsa.
40	Pinus laricio.	74	Pinus strobus.
41	Pinus laricio Calabrica.	75	Pinus monticola.
42		76	
43	Pinus laricio Monspeliensis*.	77	Pinus Lambertiana.
44		78	Picea Engelmanni.
45		79	Picea excelsa.
46	Pinus laricio Austriaca.	80	

* Avec rameau.

Nos.	ESSENCES.	Nos.	ESSENCES.
81	Picea excelsa.	108	
82	Picea Morinda *.	109	Cedrus atlantica.
83	Picea Alcockiana.	110	
84	Picea polita.	111	
85	Picea sitchensis *.	112	Cedrus Deodora *.
86	Pseudotsuga Douglas *.	113	
87	Keteleeria Fortunei.	114	Pseudolarix Kaempferi.
88	Tsuga Sieboldi *.	115	Larix Europœa.
89	Abies pectinata.	116	Larix leptolepsis **.
90	Abies Nordmanniana.	//	Cupressus Cnigthiana **.
91	Abies pinsapo *.	//	Cupressus torulosa majestica **.
92	Abies pinsapo Cephalonica.		
93		//	Cupressus torulosa Corneyana **.
94	Abies Cephalonica.		
95	Abies Numidica.	//	Cupressus torulosa Nepaul **.
96	Abies Cilicica *.	//	Cupressus sp. Hills of India **.
97	Abies firma.	//	Cupressus lusitanica **.
98	Abies Fraseri.	//	Cupressus Tourneforti **.
99	Abies amabilis.	//	Cupressus sp. Hugelli **.
100	Abies concolor.	//	Cryptomeria Japonica **.
101	Abies concolor lasiocarpa.	//	Cryptomeria Japonica viridis **.
102	Abies grandis.	//	Juniperus excelsa **.
103	Abies nobilis.	//	Chamæcyparis Lawsoniana **.
104			
105	Cedrus Libani.	//	Juniperus recurva squamata **.
106			
107	Cedrus atlantica.	//	Juniperus Virginiana tripartita **.

* Avec rameau.
** Rameau.

Une série de sections des principales essences indigènes a été préparée sous la direction de M. Thil, inspecteur des Eaux et Forêts.

Elle se compose de trois coupes (transversale, radiale et tangentielle) qui permettent de reconnaître exactement les divers détails anatomiques de chaque espèce, au travers de ces minces lames de bois, dont l'épaisseur varie entre 1/30 et 1/50 de millimètre.

NOMS FRANÇAIS.	NOMS LATINS.
Tilleul des bois.	Tilia parvifolia (Ehrh).
Érable sycomore.	Acer pseudo platanus (Linné).
Érable plane.	Acer platanoïdes (Linné).
Marronnier blanc ou d'Inde.	Æsculus hippocastanum (Linné).
Bourdaine commune.	Frangula vulgaris (Reichb.).
Robinier faux acacia.	Robinia pseudoacacia (Linné).
Cerisier merisier.	Cerasus avium (Mœnch).
Cerisier mahaleb.	Cerasus mahaleb (Mill.).
Poirier commun.	Pirus communis (Linné).
Pommier commun.	Malus communis (Poir.).
Alisier terminal.	Sorbus torminalis (Linné).
Sorbier des oiseleurs.	Sorbus aucuparia (Linné).
Lierre rampant.	Hedera hélix (Linné).
Frêne commun.	Fraxinus excelsior (Linné).
Murier blanc.	Morus alba (Linné).
Micocoulier de Provence.	Celtis australis (Linné).
Orme champêtre.	Ulmus campestris (Smith).
Orme diffus.	Ulmus diffusa (Wild).
Noyer commun.	Juglans regia (Linné).
Hêtre commun.	Fagus sylvatica (Linné).
Châtaignier commun.	Castanea vesca (Lam.).
Chêne pédonculé.	Quercus pedunculata (Ehrh).
Chêne rouvre.	Quercus sessiliflora (Smith).
Chêne tauzin.	Quercus tozza (D. C.).
Coudrier noisetier.	Corylus avellana (Linné).
Charme commun.	Carpinus betulus (Linné).
Bouleau verruqueux.	Betula verrucosa (Ehrh).
Aune glutineux.	Alnus glutinosa (Goertn).
Platane d'Orient.	Platanus orientalis (Linné).
Saule viminal.	Salix viminalis (Linné).
Saule marceau.	Salix capraea (Linné).
Peuplier blanc.	Populus alba (Linné).
Peuplier tremble.	Populus tremula (Linné).
Peuplier noir.	Populus nigra (Linné).
If commun.	Taxus baccata (Linné).
Genévrier commun.	Juniperus communis (Linné).

4.

NOMS FRANÇAIS.	NOMS LATINS.
Genévrier oxycèdre.	Juniperus oxycedrus (Linné).
Genévrier sabine.	Juniperus sabina (Linné).
Sapin pectiné.	Abies pectinata (D. C.).
Epicea commun.	Picea excelsa (Link).
Mélèze d'Europe.	Larix europea (D. C.).
Cèdre de l'Atlas.	Cedrus Libani [var atlantica] (Renou.).
Pin sylvestre.	Pinus sylvestris (Linné).
Pin à crochets.	Pinus montana (Mill.).
Pin laricio.	Pinus laricio [var (Corsicana] (Laud).
Pin d'Alep.	Pinus halepensis (Mill.).
Pin maritime.	Pinus pinaster (Soland).
Pin Cembro.	Pinus cembra (Linné).
Pin Weymouth.	Pinus strobus (Linné).

M. Thil présente, en outre, un album contenant les sections transversales de cent espèces de bois indigènes avec une description sommaire de chacune d'elles.

M. Mer, inspecteur attaché à la station de recherches de l'École nationale des Eaux et Forêts, expose dans une vitrine des échantillons se rapportant aux massifs peuplés d'essences feuillues. Ils ont été divisés en trois groupes.

Le premier a pour but d'indiquer les procédés destinés à préserver de la vermoulure, les bois et les écorces des diverses essences indigènes, et notamment des chênes :

1° par la décortication annulaire;

2° par l'ébranchement complet ou la suppression de la cime pratiqués au printemps.

Le deuxième montre qu'on peut accroître le rendement des taillis sous futaie :

1° en favorisant le développement des sujets destinés à devenir baliveaux, par le dégagement, une dizaine d'années avant la coupe, des rejets qui les enserrent de trop près:

2° en activant la croissance des cépées par la suppression, vers l'âge de 15 ans, des rejets à végétation languissante;

3° en renonçant à l'émondage des branches gourmandes sur les baliveaux, et en procédant à l'arrachage de ces branches vers la deuxième quinzaine de juin.

Le troisième présente des échantillons qui ont subi des ralentissements de croissance, ou qui sont atteints de lunures et de carie centrale à la suite d'un hiver très rigoureux et notamment l'hiver 1879-1880.

Bois ouvrés. — Le travail du bois en France est représenté par six panneaux, savoir :

1° Bois de tour;

2° Bois sciés et courbés;

3° Bois de menue fente et tressés;

4° Bois de grosse fente;

5° sculpture rustique;

6° Bois sculptés et décorés.

Le tableau ci-après donne la liste des objets disposés dans ces panneaux; il a été rédigé par essence pour montrer l'emploi de chacune d'elles, et un chiffre romain indique le panneau auquel l'objet est affecté.

DÉSIGNATION.	PROVENANCE.	PANNEAU auquel L'OBJET est affecté.
ALISIER BLANC.		
3 Navettes pour filatures dont 2 avec roulettes de buis..........	Lure..............	IV
4 Montures d'éventaill............	Andeville........ ...	IV et VI
1 Équerre de menuisier..........	Tarbes.............	II
2 Poulies..................	Dortan.............	I
1 Service à salade.............	*Idem*.............	V

DÉSIGNATION.	PROVENANCE.	PANNEAU auquel L'OBJET est affecté.
1 Pince à gants....................	Dortan..............	V
10 Manches d'outils divers...........	Idem................	V
4 Tuyaux de filature	Idem................	I
1 Boîte à flacon....................	Idem................	I
1 Boîte à poudre de gants..........	Idem................	I
2 Boîtes à pommade...............	Idem................	I
2 Tavelles........................	Idem................	I
3 Mètres à 5 et 10 branches........	Saint-Claude.........	II
1 Boîte à poudre de riz.	Idem................	I
1 Étui à lunettes..................	Idem................	I
1 Mètre carré	Idem................	II

ALISIER TORMINAL.

1 T à dessin.....................	Ligny...............	II
1 Équerre à 45 degrés.............	Idem................	II
1 Règle plate....................	Idem................	II
2 Petites règles carrées	Idem................	II
1 Règle plate à dessin	Beauvais............	II
1 T à dessin.....................	Idem................	II
4 Équerres......................	Idem................	II
4 Montures d'éventail.............	Idem................	II
1 Monture d'éventail	Andreville..........	II
1 Monture d'éventail avec garde en orme	Idem................	VI
1 Monture d'éventail en mahaleb....	Idem................	II
2 Manches d'outils...............	Dortan	I
4 Dents d'engrenage..............	Boulogne	II

AUNE GLUTINEUX.

1 Boîte à compas.................	Ligny...............	II
1 Trictrac.......................	Idem................	II
1 Boîte à mercerie...............	Idem................	II
1 Paire de sabots	Lure................	V
2 Robinets avec poignée en mérisier..	Idem................	I
1 Panoplie de 6 échantillons imitant l'acajou, le palissandre et l'ébène.	Lunéville	II

DÉSIGNATION.	PROVENANCE.	PANNEAU auquel L'OBJET est affecté.
1 Commode	Lunéville	II
1 Table de nuit	Idem.	II
1 Chaise	Idem.	I
1 Armoire à glace	Idem.	II
1 Maison forestière	Idem.	II
12 Fuseaux à dentelle	Beauvais	I
1 Paire de sabots sculptés	Tarbes	V
1 Échelle	Idem.	IV
1 Chaise	Idem.	II
4 Pieds de table (2 naturels et 2 teintés)	Saint-Loup	I
1 Chaise	Idem.	I
1 Table à thé	Idem.	I
1 Seau d'enfant	Saint-Claude	I

AUBÉPINE AZÉROLIER.

1 Canne	Blois	II

AUBÉPINE ÉPINEUSE.

1 Canne	Blois.	II
4 Manches de fouet	Idem.	III

BOULEAU VERRUQUEUX.

1 Pied de table tourné	Ligny	I
1 Fourrure pour passementerie	Aubreville	I
2 Balais	Rambouillet	III
1 Échelle avec barreaux en chêne	Beauvais	IV

BOURDAINE.

1 Panier pour bonbonne	Luxeuil	III
2 Bourriches à anses	Rennes	III
2 Bourriches sans anses	Idem	III
1 Paquet d'éclisses	Idem.	III
2 Grêles pour expédier le beurre	Idem.	III
2 Grêles pour ménage	Idem.	III

DÉSIGNATION.	PROVENANCE.	PANNEAU auquel L'OBJET est affecté.
BRUYÈRE EN ARBRE.		
8 Ébauchons de pipes	Saint-Claude	II
4 Porte-cigares	Idem	I
4 Porte cigarettes	Idem	I
6 Pipes	Idem	I
BRUYÈRE QUATERNÉE.		
2 Balais		III
BUIS.		
12 Fuseaux à dentelle	Le Puy	I
4 Roulettes pour soieries	Arinthod	I
4 Bobines pour sonnerie électrique	Idem	I
3 Tuyaux pour mousseline	Idem	I
7 Tuyaux pour soieries	Idem	I
4 Crochets à tricoter	Idem	I
1 Jeu d'échecs	Durtan	I
2 Boîtes à ficelle	Idem	I
2 Flacons à liqueurs	Idem	I
1 Boîte à talc	Idem	I
2 Marteaux de commissaire-priseur	Idem	I
1 Pince à gants	Idem	I
1 Coquetier	Idem	I
1 Boîte à poudre	Idem	I
2 Étuis à aiguilles	Idem	I
1 Série de 6 loupes d'horloger	Idem	I
1 Série de 4 loupes d'horloger	Idem	I
4 Boîtes, grandeurs diverses pour horloger.	Idem	I
2 Panoplies de grains de chapelet	Montant	I
6 Boules	Le Vigan	I
3 Œufs	Saint-Claude	I
2 Liens de serviette	Idem	I
4 Sifflets	Idem	I
4 Cuillers à moutarde	Idem	V

DÉSIGNATION.	PROVENANCE.	PANNEAU auquel L'OBJET est affecté.
4 Robinets	Saint-Claude	I
2 Encriers	Idem	I
4 Étuis à Aiguilles	Idem	I
2 Tabatières	Idem	V
1 jeu d'échecs	Idem	I
1 Boîte à poudre	Idem	I
1 Flageolet	Id m	I
2 Bilboquets	Idem	I
1 Couvert à salade (forme Cizeaux)	Idem	V
1 Couvert à salade	Idem	V
1 Turon	Idem	I
7 Billes	Idem	I
2 encriers en racine *	Sauzet (Drôme)	
1 cuiller *	Idem	
2 couverts à salade *	Idem	

CALLUNE BRUYÈRE.

2 Balais	Rambouillet	III

CERISIER MAHALEB.

1 Pipe	Bussang	II
1 Pipe grosse	Idem	II
1 Pipe moyenne	Idem	II
1 Pipe très grosse	Idem	II
1 Coffre à cigares, carré	Idem	II
1 Coffre à cigares, long	Idem	II
1 Encrier	Idem	VI
1 Boîte à cigarettes	Idem	VI
1 Boîte à timbres	Idem	VI
4 Pipes petites	Idem	II
1 Pipe à long tuyau	Idem	II
1 Pipe monstre à tuyau	Idem	II
2 Boîtes à tabac	Idem	II
3 Cannes	Idem	II

* Envoi de M. Ferlin, garde des eaux et forêts.

DÉSIGNATION.	PROVENANCE.	PANNEAU auquel L'OBJET est affecté.
CERISIER MERISIER.		
2 Pieds de table dont 1 verni	Ligny	I
1 Chaise en bois tourné	Idem.	I
1 Fourrure pour passementerie	Auberville	I
1 Table pliante	La Ferté-sur-Aube	I
8 Manches de lime dont 6 vernis.	Dortan	I
1 Doigtier à gants	Idem.	V
2 Étuis à poudre dont 1 verni	Idem.	I
2 Roulettes.	Idem.	I
4 Boites à poudre, 2 grandes et 2 petites.	Idem.	I
2 Flacon à liqueur dont 1 vernis	Idem.	I
2 Dévidoirs avec manche en frêne	Idem.	I
2 Cercles de barrique	Robert-Espagne	III
3 Cercles de barrique	Laon	III
1 Petit fût	Moutiers	IV
1 Gourde	Idem.	III
1 Paire de sabots dits «Chinois»	Rennes	V
CHARME.		
1 Damier	Ligny	II
3 Queues de billard vernies	Maranville	I
1 Fourrure pour passementerie	Aubreville	I
2 Règles plates à dessin	Beauvais	II
4 Équerres	Idem	II
4 Semelles de galoches (homme et femme).	Villers-Cotterets	V
4 formes de bottines (homme et femme).	Idem	V
4 formes brutes (ébauches)	Idem	V
1 Compas	Idem	V
2 Maillets	Dortan	V
4 Bobines	Idem.	I
2 Manches d'outils	Idem.	I

DÉSIGNATION.	PROVENANCE.	PANNEAU auquel L'OBJET est affecté.
2 Tavelles......................	Dortan..............	I
2 Poulies......................	Idem...............	I
1 Tuyaux pour soierie............	Idem...............	I
4 Cercles de barrique	Robert-Espagne	III
1 Jeu de quilles................	Dortan..............	I
1 Collection de faussets...........	Compiègne...........	I
1 Joug	Montbéliard..........	V
2 Moyeux de calèche.............	Idem...............	I
1 Accotoir sculpté	Idem...............	V
4 Dents d'engrenage.............	Boulogne	II
2 Battes pour blé...............	Morbecquem..........	I
2 Bourseaux de zingueur...........	Idem...............	V
1 Navette.....................	Idem...............	V
1 Dent d'engrenage..............	Morbecque...........	II
4 Cuillers.....................	Saint-Claude..........	V
1 Jeu de quilles................	Idem...............	I
1 Bilboquet....................	Idem...............	I
1 Toupie allemande.............	Idem...............	I
1 Jeu de castagnettes............	Idem...............	V
1 Sabot-toupie	Idem...............	V
10 Manches d'outils..............	Idem...............	I et V
1 Mètre	Idem...............	II

CHÂTAIGNIER.

1 Canne courbée	Tulle...............	II
1 Canne tête de moine............	Idem...............	II
1 Canne-mains....	Idem...............	II
1 Table......................	Périgueux	III
1 Canapé.....................	Idem...............	III
1 Fauteuil....................	Idem...............	III
1 Chaise.....................	Idem...............	III
Piquets pour vignes types dits Carcassonnes....................	Champagne-Mouton	III
7 Piquets pour vignes types dits pieux.	Idem...............	III
Bille fendue en piquets..........	Idem...............	IV

	DÉSIGNATION.	PROVENANCE.	PANNEAU auquel L'OBJET est affecté.
	Échalas de vignes de 1 m. 50.....	Champagne-Mouton....	III
	Échalas de vignes de 1 mètre......	Idem...............	III
1	Bille fendue en échalas..........	Idem...............	IV
	Échalas de vignes de o m. 75.....	Idem...............	IV
1	Bille fendue en échalas de o m. 75.	Idem...............	IV
	Lattes à écatures..............	Idem...............	IV
1	Bille fendue en lattes à écatures....	Idem...............	IV
	Lattes de toiture..............	Idem...............	III
1	Bille fondue en lattes de toitures...	Idem...............	III
	Lisses pour couronnements.......	Idem...............	IV
6	Douelles.....................	Idem...............	IV
6	Fonds.......................	Idem...............	IV
6	Ganivelles...................	Idem...............	IV
	Cercles de futailles.............	Idem...............	III
1	Panier......................	Idem...............	III
2	Mesures de capacité...........	Rennes.............	III
1	Baratte.....................	Idem...............	IV
2	Cannes......................	Laon...............	II
4	Frises de parquet.............	Rennes.............	II
1	Barre de trapèze..............	Idem...............	I
	Cercles.....................	Saint-Pons.........	III
	Merrain.....................	Idem...............	IV
	Comportes...................	Idem...............	IV

CHÊNE PÉDONCULÉ.

1	Panneau sculpté à jour..........	Saint-Loup.........	VI
1	Barreau à fuseau pour escalier.. ..	Tarbes............	I
1	Barreau pour galerie...........	Idem..............	I
1	Barreau pour escalier à l'anglaise...	Idem..............	I
1	Barreau avec carré pour escalier français.	Idem..............	I
1	Mesure de capacité........... ..	Rennes.............	III
2	Doubles mètres................	Bar-sur-Aube........	II
1	mètre carré...................	Idem..............	II
2	Rondelles montrant les sciages de chêne sur quartier.	M. Baffoy...........	II

DÉSIGNATION.	PROVENANCE.	PANNEAU auquel L'OBJET est affecté.
6 Merrains pour tonnelets à bière....	Laon.................	IV
Lattes pour moulins............	Blain.................	IV
1 Panier à anses..............	Idem.................	III
2 Chaises pliantes vernies.........	Rennes..............	II

CHÊNE ROUVRE.

1 Statue....................	....	VI
1 Fourrure de passementerie.......	Aubreville..........	I
1 Panneau sur mailles...........	Saint-Loup..........	II
3 Rouleaux de cercles pour boissellerie.	Villers-Cotterets.......	III
1 Interrupteur électrique..........	Lons-le-Saunier.......	I
2 Pieds de table...............	Saint-Loup..........	II
2 Pieds de chaise..............	Idem..............	II
Lattes pour toitures............	Tronçais...........	III
Faisseaux pour vigne...........	Idem..............	III
2 Merrains grand barriquage.......	Idem..............	IV
2 Merrains petit barriquage........	Idem..............	IV
2 Merrains du pays.............	Idem..............	IV
3 Fonds de grand barriquage.......	Idem..............	IV
2 Fonds de petit barriquage........	Idem..............	IV
3 Fonds de tierçon.............	Idem..............	IV
2 Fonds de douve..............	Idem..............	IV
10 Ganivelles.................	Idem..............	IV
3 Fonds de ganivelle de 0.75.......	Idem..............	IV
3 Fonds de ganivelle de 0,80........	Idem..............	IV
3 Fonds de ganivelle de 0,66........	Idem..............	IV
2 Fonds de ganivelle de 0,52.......	Idem..............	IV
5 Douelles..................	Bar-sur-Seine........	IV
5 Fonds...................	Idem..............	IV
1 Paquet de lattes du blaisois.......	Blois..............	III
Merrain du Blaisois............	Idem..............	IV
3 Douelles pour bussine..........	Bercé..............	IV
3 Pièces de fond pour bussine.......	Idem..............	IV
1 Paquet d'éclisses..............	Maulevrier..........	III

DÉSIGNATION.	PROVENANCE.	PANNEAU auquel L'OBJET est affecté.
1 Série de 2 paniers	Maulevrier	III
1 Série de 2 paniers	Idem	III
2 Brancards	Rennes	II
4 Grandes frises de parquet	Idem	II
6 Petites frises de parquet	Idem	II
2 Pieds de table	Morbecque	I

CHÊNE TAUZIN.

1 Moyeu	Saumur	I
1 Jante	Idem	II

CHÈVREFEUILLE À BALAIS.

2 Balais	Belfort	III

COGNASSIER.

1 Canne (serpent)	Tulle	II
2 Cannes	Blois	II

CORNOUILLER SANGUIN.

4 Cannes	Amiens	III

CORNOUILLER MÂLE.

9 Manches d'outils	Dijon	V
2 Manches de marteau	Idem	V
1 Manche de marteau tourné	Idem	I
1 Rouleau de cercles de barriques	Bar-sur-Seine	III
1 Tranche brute	Bar-sur-Aube	V
2 Navettes de tisserand	Maulevrier	V

COUDRIER NOISETIER.

1 Canne (tête d'homme)	Tulle	II
1 Panier à vendange	Champagnolle	III
1 Panier à fruits	Idem	III

DÉSIGNATION.	PROVENANCE.	PANNEAU auquel L'OBJET est affecté.
6 Éclisses pour vannerie............	Belfort..............	III
2 Paniers......................	Chaux..............	III
1 Tuyau à soierie...............	Arinthod...........	I
1 Panier ovale..................	Tarbes.............	III
1 Panier en forme de 8 (vannerie fine).	Idem...............	III
1 Panier rond..................	Idem...............	III
1 Panier en forme de 8 (vannerie grosse).	Idem...............	III
2 Cannes.....................	Idem...............	II
2 Fouets......	Idem...............	III
3 Séries de 2 cercles de barrique....	Robert-Espagne.......	III
3 Cercles de barrique............	Laon..............	III
2 Paniers.....................	Mauleuvrier.........	III
1 Oiseau avec son nid sur un trépied	Saint-Mihiel..........	III
1 Panier à anses	Idem..............	III
2 Anses de panier réunies.........	Idem..............	III
2 Ronds de lamelles.............	Idem..............	III
4 Sifflets......	Saint-Claude.........	I
2 Bâtons de soutien pour soieries....	Idem..............	I

CYTISE.

DÉSIGNATION.	PROVENANCE.	PANNEAU auquel L'OBJET est affecté.
4 Manches d'outils...............	Lons-le-Saunier.......	I
2 Colliers de senaille.............	Nice...............	III
2 Robinets....................	Saint-Claude.........	I
1 Couvert à salade..	Idem..............	V

ÉRABLE CHAMPÊTRE.

DÉSIGNATION.	PROVENANCE.	PANNEAU auquel L'OBJET est affecté.
2 Navettes de tisserand...........	Ligny..............	V
1 Fourrure pour passementerie......	Aubreville...........	I
2 Crosses de fusil...............	Tarbes.............	V
2 Manches de pelle	Blois..............	V
2 Moyeux de calèche	Montbéliard..........	I
1 Lissoir d'avant-train...........	Idem..............	V
1 Accotoir	Idem..............	V

DÉSIGNATION.	PROVENANCE.	PANNEAU auquel L'OBJET est affecté.
1 Rond.....................	Saint-Claude..........	I
1 Boîte à lunettes...............	Idem...............	I
1 Boîte à allumettes.............	Idem...............	I
1 Mètre double.................	Idem...............	I

ÉRABLE À FEUILLES D'OBIER.

2 Roulettes...................	Dortan.............	I
1 Poulie.....................	Idem...............	I
1 Bobine....................	Idem...............	I
1 Boîte à talc................	Idem...............	I
7 Tuyaux de soierie...	Idem...............	I
11 Moules à sable pour enfants.......	Saint-Claude.........	I
2 Pelles à sable pour enfants........	Idem...............	V

ÉRABLE PLANE.

2 Dévidoirs avec manche en frêne....	Dortan.............	I
2 Boîtes à ficelle................	Idem...............	I
2 Maillets.................	Idem...............	V
3 Battoirs....................	Idem...............	V
1 Bilboquet...................	Idem...............	I
3 Bobines à ailes.....	Idem...............	I
3 Robinets...................	Idem...............	I
2 Bobines creuses...............	Idem...............	I
1 Manche d'outil...............	Idem...............	I
1 Couvert à salade..............	Idem...............	V
1 Boule.....................	Idem...............	I

ÉRABLE SYCOMORE.

2 Manches de violon.............	Mirecourt...........	V
2 Manches de basse..............	Idem...............	V
2 Planchettes (dessous de violon)....	Idem...............	III
1 Type de bois madré pour instruments de musique.................	Idem...............	II
2 Jambes de poupée.............	Malancourt..........	V

DÉSIGNATION.	PROVENANCE.	PANNEAU auquel L'OBJET est affecté.
2 Cuisses de poupée.............	Malancourt...........	V
4 Boules de genoux.............	Idem...............	I
3 Cuvettes d'épaule............	Idem...............	I
3 Cuvettes de col.............	Idem...............	I
1 Bras...............	Idem...............	V
1 Boule de poignet.............	Idem...............	I
1 Avant-bras.................	Idem...............	V
1 Boule....................	Idem...............	I
1 Fourrure pour passementerie......	Ambreville..........	I
1 Paire de sabots (homme)........	Champagnole........	V
1 Paire de sabots (femme).........	Idem...............	V
2 Montures d'éventails...........	Beauvais............	II
2 Manches de faulx montés en bois divers...................	Verdun.............	III
1 Couvert à salade.............	Arinthod............	V
1 Paire de raquettes............	Cornimont..........	III
1 Boîte à ficelle..............	Arbois.............	I
4 Soucoupes.................	Idem...............	I
1 Couvercle de baratte...........	Saint-Hippolyte.......	I
1 Couvert à salade.............	Saint-Claude.........	V
1 Rond de serviette	Idem...............	I

ÉPICÉA.

DÉSIGNATION.	PROVENANCE.	PANNEAU auquel L'OBJET est affecté.
1 Tuyau de fontaine.............	Raon-l'Étape.........	I
10 Bardeaux pour toitures..........	Rondefontaine	IV
1 Panoplie de jeu de croquet........	Lunéville	I
1 Étui à pharmacie.............	Saint-Loup..........	I
1 Violon et son archet...........	Thonon............	III
1 Bac pour laiterie.............	Idem...............	IV
2 Seilles à lait	Idem...............	IV
1 Auge à écrémer	Idem...............	IV
2 Plateaux sur mailles...........	Gerardmer..........	II
3 Plateaux tangentiels...........	Idem...............	II
1 Boîte à fromage, grande.........	Saint-Claude........	III
1 Boîte à fromage, petite..........	Idem...............	III

DÉSIGNATION.	PROVENANCE.	PANNEAU auquel L'OBJET est affecté.
1 Boîte format livre fermant à clef....	Saint-Claude.........	III
4 Boîtes carrées avec couvercle à coulisse......	Idem...............	II
3 Boîtes carrées avec couvercle à charnière.....................	Idem...............	II
2 Boîtes triangulaires..............	Idem...............	III
2 Boîtes oblongues...............	Idem...............	III
1 Boîte ronde...................	Idem...............	III
1 Série de 12 boîtes rondes........	Idem...............	III
1 Série de 6 boîtes rondes à rebord...	Idem...............	III
1 Boîte à bijoux sculptée fermant à clef.....................	Idem...............	II
1 Boîte à bijoux sculptée, petite.....	Idem...............	II
1 Plumier fermant à clef..........	Idem...............	II
1 Série complète de sciage.........	Idem...............	II
24 Lattes	Idem...............	III

FRÊNE COMMUN.

DÉSIGNATION.	PROVENANCE.	PANNEAU auquel L'OBJET est affecté.
2 Manches de hache..............	Dijon..............	V
2 Manches de hache d'abordage	Idem...............	V
2 Manches de hachette............	Idem...............	I
1 Tonnelet pour kirsch............	Val d'Ajol...........	IV
3 Queues de billard..............	Maranville..........	I
1 Fourrure pour passementerie......	Aubreville...........	I
2 Cercles de bâches..............	Rouen..............	III
1 Barre de tilbury...............	Idem...............	I
2 Armons.....................	Idem...............	II
2 Cintres d'avant-train...........	Idem...............	II
3 Paires de brancards courbés assortis.	Idem...............	II
1 Boule et 9 quilles..............	Clairvaux (Jura)......	I
1 Barre de gaindol..............	Boulogne-sur-Mer.....	I
1 Cheville de manœuvre	Idem...............	I
1 Maillet à four (manche en frène et maillet en bouleau)...........	Idem...............	I
1 Minoret.....................	Idem...............	I

DÉSIGNATION.	PROVENANCE.	PANNEAU auquel L'OBJET est affecté.
2 Cercles de mât	Boulogne-sur-Mer	III
2 Bagues de foc	*Idem*	III
2 Pommes de roccage	*Idem*	I
2 Crochets	Clairvaux (Jura)	III
2 Manches de lime à froid	*Idem*	I
1 Manche de tournevis	*Idem*	I
1 Manche de pioche	*Idem*	I
1 Manche de bêche	*Idem*	I
1 Manche de pelle	*Idem*	V
1 Manche de serfouette	*Idem*	I
1 Manche de marteau forestier	*Idem*	I
1 Manche de marteau	*Idem*	I
1 Manche de manivelle	*Idem*	I
2 Manches de scie	Hermès	II
1 Manche courbe	*Idem*	V
2 Pieds de table	Saint-Loup	I
3 Cercles pour tambour	Villers-Cotterets	III
3 Cercles pour grosse caisse	*Idem*	III
1 Robinet avec canule en aune et poignée en érable	Lons-le-Saulnier	I
1 Robinet avec canule et poignée en bois divers	*Idem*	I
1 Robinet avec canule et poignée en bois divers	*Idem*	I
1 Robinet avec canule en aune et poignée en buis	*Idem*	I
4 Bobines filées	*Idem*	II
10 Manches de pinceau variés	Gerardmer	I
2 Paires de sabots décorés	Lyons-la-Forêt	V
1 Chaise	*Idem*	II
5 Manches de marteau , divers	Dortan	I
1 Manche de lime	*Idem*	I
2 Panneaux, bois de carrosserie	Perseigne	I
2 Montures de raquettes	Puy-St-Pierre (Htes-Alpes).	III
6 Merrains pour huile	Laon	IV
2 Chasseurs (lutte et tournée)	Maulevrier	II

DÉSIGNATION.	PROVENANCE.	PANNEAU auquel L'OBJET est affecté.
2 Jantes....................	Rennes.............	II
2 Brancards..................	Idem...............	II
4 Piquets de tente.............	Idem...............	III
1 Bois de trapèze.............	Idem...............	I
2 Maillets de ferblantier...........	Idem...............	V
2 Maillets pour les arsenaux........	Idem...............	V
1 Cabillot de capetage.............	Idem...............	I
2 Manches de hache.............	Idem...............	I
1 Baril.....................	Boulogne............	IV
1 Baril.....................	Morbecque..........	IV
2 Bouche-bouteilles..............	Saint-Claude........	V
1 Robinet avec canule en buis.......	Idem...............	I
1 Salière forestière..............	Idem...............	I
1 Rouleau de pâtissier............	Idem...............	I
1 Pilon.....................	Idem...............	I
1 Hachet....................	Idem...............	I
1 Boîte à ficelle....	Idem...............	I
5 Cuillers et 1 fourchette..........	Idem...............	V
1 Étui à aiguilles à tricoter.........	Idem...............	I
1 Boule,....................	Idem...............	I
1 OEuf....................	Idem...............	I
2 Coquetiers...	Idem...............	I
1 Rond de serviette.............	Idem...............	I
1 Petite écuelle................	Idem...............	I
1 Sabot-toupie................	Idem...............	I
1 Toupie....................	Idem...............	I
1 Poivrière avec bouchon en buis....	Idem...............	I
1 Boîte à poudre..............	Idem...............	I
1 Poignée de corde à jouer........	Idem...............	I

GÉNÉVRIER COMMUN.

DÉSIGNATION.	PROVENANCE.	PANNEAU auquel L'OBJET est affecté.
1 Tête de chien, sculptée..........	Fontainebleau........	V
1 Couteau à papier (tête de faisan)...	Idem...............	VI
1 Thermomètre................	Idem...............	VI

DÉSIGNATION.	PROVENANCE.	PANNEAU auquel L'OBJET est affecté.
1 Chandelier (mètre).............	Fontainebleau.........	I
1 Turon...................	Idem...............	I
1 Jeu de quilles...............	Idem...............	I
1 Moulin à vent (mètre)..........	Idem...............	I
1 Étui à aiguilles..............	Idem...............	I
1 Soupière (mètre).............	Idem...............	I
1 Étui à argent.............	Idem...............	I
1 Bouteille (mètre).............	Idem...............	I

HÊTRE.

1 Moule de verre...............	Baccarat.............	I
1 Moule de garde-vue...........	Idem...............	I
1 Mailloche...............	Idem...............	V
1 Moule de chope..............	Idem...............	I
1 Moule de carafe.............	Idem...............	I
1 Enveloppe de pièce à flotter.......	Idem...............	V
1 Règle plate (grande)......	Ligny...............	II
1 Règle plate.................	Idem...............	II
2 Équerres................	Idem...............	II
2 Carrelets................	Idem...............	II
1 Boîte à dessin...............	Idem...............	II
1 Boîte à dominos.............	Idem...............	II
1 Planchette à dessiner (hêtre et peuplier).................	Idem...............	II
1 Damier (hêtre et charme)........	Idem...............	II
2 Bois bruts pour parapluie........	Idem...............	II
Bois brut courbé.............	Idem...............	II
4 Tiges tournées...............	Idem...............	II
Manches à crochets............	Idem...............	II
Manches d'ombrelles courbés......	Idem...............	II
1 Brise-caillé................	Aurillac............	III
4 Manches de parasol (2 vernis).....	Idem...............	II
8 Manches de parapluie (4 vernis)...	Idem...............	II
6 Manches de parapluie (vernis et sculptés).................	Idem...............	V

DÉSIGNATION.	PROVENANCE.	PANNEAU auquel L'OBJET est affecté.
6 Manches d'ombrelle (vernis et sculptés)	Aurillac	V
1 Fourrure pour passementerie	Aubreville	I
1 Couvert à salade	Gannat	V
1 Cuiller à pot	Idem	III
1 Tasse	Idem	I
1 Mortier	Idem	I
1 Pilon	Idem	I
1 Passe-lait	Idem	I
1 Ecuelle	Idem	I
1 Salière	Idem	I
1 Tonnelet d'emballage brut	Mohon (Ardennes)	IV
1 Tonnelet d'emballage lissé	Idem	IV
1 Seau (hêtre et érable)	Lunéville	II
1 Jeu de monument (hêtre et érable)	Idem	II
2 Boîtes d'emballage d'horlogerie	Champagnole	II
4 Paires de planchettes pour soufflets	Hermes (Oise)	II
12 Bois tournés pour manches	Idem	I
2 Chaises escabeau	Laneuville-en-Haye	II
1 Escabeau	Idem	II
1 Cercle	Villers-Cotterets	III
10 Cercles pour tamis	Idem	III
1 Cercle pour grand tamis	Idem	III
1 Cercle pour tambour	Idem	III
1 Cercle pour boisseau	Idem	III
6 Bois de brosses diverses	Idem	II
2 bois à balais à manche	Idem	I
11 tubes et 11 broches pour filatures	Belfort	I
1 moule à fromage dit fachure	Aurillac	I
1 Couvercle de fachure	Idem	I
1 Puisette ou ponset	Idem	III
1 Bât de mulet	Villers-Cotterets	IV
1 Sellette	Idem	IV
1 Joug de trait	Idem	V
1 Joug de timon	Idem	V
2 Attelles de Paris	Idem	IV
2 Attelles flamandes	Idem	IV

DÉSIGNATION.	PROVENANCE.	PANNEAU auquel L'OBJET est affecté.
2 Attelles normandes............	Idem...............	IV
1 Coin et 1 Maillet............	Idem...............	II
4 Battoirs....................	Idem...............	IV
2 Bois de soufflet.............	Idem...............	II
1 Embouchoir.	Idem...............	V
1 Forme de collier............	Idem...............	V
2 Panneaux sur mailles.........	Idem...............	II
2 Panneaux tangentiels.........	Idem...............	II
6 Lattes....................	Saint-Jean-Pied-de-Port..	III
3 Bardeaux..................	Idem...............	IV
5 Gagets à fromage............	Aurillac.............	II
1 Caisse à fromage............	Idem...............	II
2 Paires de sabots basques.........	Tarbes	V
4 Cercles à tamis basques..........	Mauléon............	III
1 Chaise ordinaire.............	Saint-Loup...........	I
2 Chaises en bois courbé..........	Idem...............	II
2 Avirons....................	Bayonne............	III
1 Panneau sur mailles...........	Blois...............	II
1 Panneau tangentiel...........	Idem...............	II
2 Attelles de collier............	Idem...............	IV
3 Mesures de capacité..........	Idem...............	III
1 Mètre carré.................	Bar-sur-Aube........	II
1 Mètre plat.................	Idem...............	II
1 Série de 13 boîtes d'emballage (petites).	La Croix-Saint-Ouen (Oise).	II
1 Série de 9 boîtes d'emballage (grandes).	Idem...............	II
1 Série de 24 boîtes d'emballage pour colis postaux, les unes dans les autres.	Idem...............	II
2 Feuillets grande largeur..........	Idem...............	II
1 Série de 10 boîtes d'emballage, les unes dans les autres.	Idem...............	III
3 boîtes à irrigateur............	Idem...............	II
3 Boîtes à seringue.............	Idem...............	II
4 Paquets postaux en 4 parties.......	Idem...............	II
1 Chaise d'enfant façon bambou......	Arbois.............	I

DÉSIGNATION.	PROVENANCE.	PANNEAU auquel L'OBJET est affecté.
4 Manches de scie	Arbois	II
4 Porte-manteau	Idem	I
1 Pliant	Idem	I
1 Étagère	Idem	I
2 Séchoirs	Idem	I
1 Écran en bois noir	Idem	I
4 Porte statuettes	Idem	I
2 Pieds de canapé	Idem	I
1 Tabouret façon bambou	Idem	I
4 Meules pour horlogerie	Montbéliard	II
2 Pelles	Landrecies	IV
10 Sébilles	Idem	I
2 Robinets	Idem	I
1 Cercle pour voiture	Idem	III
2 Cercles pour tamis	Idem	III
2 Cercles pour fromagerie	Idem	III
10 Cuillers en bois	Idem	III
2 Cuillers à pot	Idem	III
2 Souricières	Idem	II
2 Salières en bois fumé	Idem	III
1 Main à sel	Idem	V
6 Plats de cuisine	Idem	I
4 Battoirs	Idem	IV
1 Entonnoir	Idem	I
1 Hachoir à légumes	Idem	II
2 Rouleaux de pâtissier	Idem	I
5 Boîtes de boissellerie, ovales	Idem	III
5 Boîtes de boissellerie, rondes	Idem	III
4 Ustensiles de cuisine	Idem	I
10 Épingles pour le linge	Idem	II
6 Jantes de roues	Le Vigan	II
1 Paire de sabots pour pêcheurs irlandais	Rennes	V
1 Paire de sabots fumés, spécialité du pays	Idem	V
1 Paire de bottes, pour hommes	Idem	V

DÉSIGNATION.	PROVENANCE.	PANNEAU auquel L'OBJET est affecté.
1 Paire de maréchain	Rennes	V
1 Paire de Jeanbart	*Idem*	V
1 Paire de Sablais	*Idem*	V
4 Cercles de chaises, en bois courbé	Verdun	II
1 Chaise en bois courbé	*Idem*	II
2 Pieds de derrière	*Idem*	II
2 Pieds de devant	*Idem*	II
2 Dossiers	*Idem*	II
1 Baril	Boulogne	IV
1 Table pliante	Saint-Claude	I
1 Fauteuil pliant	*Idem*	I
1 Chaise pliante	*Idem*	I
1 Porte-manteau à 6 têtes	*Idem*	I
1 Porte-manteau pliant à 10 têtes	*Idem*	I
1 Porte-serviettes, façon bambou	*Idem*	I
1 Étagère console, façon bambou	*Idem*	I
2 Cadres, façon bambou	*Idem*	I
1 Tabouret, façon bambou	*Idem*	I
1 Lit à rideaux, façon bambou	*Idem*	I
1 Commode, façon bambou	*Idem*	II
1 Armoire à glace, façon bambou	*Idem*	II
1 Table à toilette, garnie, façon bambou	*Idem*	II
1 Étagère à montants, façon bambou	*Idem*	I
1 Armoire à 4 tiroirs, façon bambou	*Idem*	II
1 Table de nuit, façon bambou	*Idem*	II
1 Boîte renfermant un service complet	*Idem*	II
1 Zanzibar	*Idem*	I
1 Tabouret	*Idem*	II
1 Rouleau à pâtisserie	*Idem*	I
1 Pilon	*Idem*	I
1 Râteau	*Idem*	I
1 Pelle	*Idem*	IV
1 Main à nettoyer les gants	*Idem*	IV
1 Fouette crème	*Idem*	I
2 Pipes	*Idem*	IV

DÉSIGNATION.	PROVENANCE.	PANNEAU auquel L'OBJET est affecté.
HOUX.		
4 Manches de fouet, bruts..........	Bruyère............	II
2 Cannes......................	Tarbes.............	II
4 Cannes......................	Amiens.............	II
IF.		
1 Moyeu de roue.................	Landerneau.........	I
1 Hercade et sa cache.............	Oloron.............	III
MARRONNIER BLANC.		
Garde forestier en pyrogravure, par Mlle Lucie Grosclaude.	Elbœuf.............	VI
MÉLÈZE.		
1 Baquet......................	Bonneville..........	IV
10 Bardeaux....................	Sallanches...........	IV
1 Baratte.....................	Chantemerle (Hautes-Alpes).............	IV
1 Barillet.....................	Idem................	IV
1 Seau.......................	Idem................	IV
4 Moules à fromage (grandeurs diverses)	Idem................	III
MICOCOULIER.		
2 Brins naturels, à 3 et 2 branches...	Sauve (Gard)........	III
2 Fourches manufacturées, à 3 et 2 branches.	Idem................	II
1 Fourche manufacturée, à 4 dents...	Idem................	II
2 Manches de faulx...............	Idem................	II
2 Paires d'attelles de collier........	Idem................	III
1 Manche de fouet cordé...........	Céret...............	III
1 Manche uni tire-bouchon..........	Idem................	III
1 Manche 4 pieds et demi..........	Idem................	III
1 Manche verni blanc.............	Idem................	III

DÉSIGNATION.	PROVENANCE.	PANNEAU auquel L'OBJET est affecté.
1 Manche de fouet verni noir.........	Céret.............	III
1 Stick, 4 brins..................	*Idem.*.............	III
1 Stick, 9 brins..................	*Idem.*.............	III
1 Stick, poignée de corbin..........	*Idem.*.............	III
1 Cravache, 4 brins..............	*Idem.*.............	III
1 Canne à filet..................	*Idem.*.............	III
8 Manches, divers, de fouet........	*Idem.*.............	III
1 Carcan à bœuf.................	*Idem.*.............	III
1 Fourche à 2 dents..............	*Idem.*.............	III

MÛRIER BLANC.

2 Comportes.....................	Saint-Pons...........	IV

MYRTE.

12 Cannes......................	Ajaccio..............	III

NOYER.

2 Montants de chaise (pieds de derrière).	Albertville...........	II
2 Montants Louis XV (pieds de devant).	*Idem*..............	II
1 Cintre gendarme...............	*Idem*..............	II
1 Panneau gendarme..............	*Idem*..............	II
1 Pièce de devanture............	*Idem*..............	II
2 Montants de chaise à cintre rond (pieds de derrière).	*Idem*..............	II
2 Montants de chaise à cintre rond (pieds de devant).	*Idem*..............	II
1 Cintre rond..................	*Idem*..............	II
1 Panneau rond.................	*Idem*..............	II
1 Pièce de devanture............	*Idem*..............	II
1 Paire de sabots de montagne......	Le Puy..............	V
1 Séchoir à serviettes............	Mahault (Haute-Marne).	I
1 Porte-manteau.................	*Idem*..............	I
6 Fuseaux à dentelle.............	Le Puy..............	I
1 Clisse ou fresse..............	Aurillac.............	III
1 Cisseau ou fresson.............	*Idem*..............	III

DÉSIGNATION.	PROVENANCE.	PANNEAU auquel L'OBJET est affecté.
1 Table pliante	La Ferté-sur-Aube	I
1 Rateau à 10 dents	*Idem*	II
1 Rateau à 8 dents	*Idem*	II
1 Potence	*Idem*	II
1 Support	*Idem*	II
1 Porte-manteau de 4 têtes	*Idem*	I
1 Porte-serviettes	*Idem*	I
1 Mètre plat	*Idem*	II
1 Mètre carré	*Idem*	II
1 Interrupteur électrique	Lons-le-Saunier	I
1 Panneau de noyer	Saint-Jean-Pied-de-Port	II
2 Moules à fromage (grand et petit)	Thonon	III
2 Boîtes à ficelle dont 1 vernie	Dortan	I
2 Boîtes à talc dont 1 vernie	*Idem*	I
4 ronds de serviette dont 2 vernis	*Idem*	I
4 Mesures de capacité	Chambéry	III
1 Mètre plat	Bar-sur-Aube	II
1 Panneau en bois de carrosserie	Le Mans	II
4 Patères	Arbois	I
2 Porte-embrasses	*Idem*	I
1 Lorgnon de rideau	*Idem*	I
1 Support de lorgnon	*Idem*	I
12 Anneaux de rideaux	*Idem*	I
12 Boutons de sonnerie	*Idem*	I
3 Arcs de lit	*Idem*	I
3 Anneaux de thyrse pour lit	*Idem*	I
4 Pieds de bureau	*Idem*	I
4 Tringles de rideau	*Idem*	I
4 Meules pour l'horlogerie	Montbéliard	II
2 Pipes	*Idem*	V
6 Crosses de fusil	Saint-Étienne	VI

OLIVIER.

DÉSIGNATION.	PROVENANCE.	PANNEAU
1 Monture d'éventail	Beauvais	VI
1 Plateau sculpté	Nice	VI

DÉSIGNATION.	PROVENANCE.	PANNEAU auquel L'OBJET est affecté.
1 Album pour photographies	Nice	VI
1 Boîte à bijoux	Idem	VI
1 Presse-papier	Idem	VI
2 Cendriers	Saint-Claude	I
1 Boîte à poudre de riz	Idem	I
1 Boîte à verre	Idem	I
1 Pipe	Idem	I
1 Couvert à salade	Idem	VI
1 Coquetier	Idem	I
2 Ronds de serviette	Idem	I

ORME.

DÉSIGNATION.	PROVENANCE.	PANNEAU auquel L'OBJET est affecté.
1 Joug	Le Puy	V
1 Moyeu de voiture	Orléans	I
2 Jantes	Idem	II
1 Paire de sabots	Tarbes	V
2 Manches de pioche	Bar-sur-Seine	V
2 Manches de hache	Idem	V
2 Moyeux	Idem	I

PEUPLIER BLANC.

DÉSIGNATION.	PROVENANCE.	PANNEAU auquel L'OBJET est affecté.
1 Étagère à 2 vantaux	Lunéville	II
1 Étagère à 1 vantail	Idem	II
1 Chalet	Idem	II
2 Cintres pour débit d'animaux en 2 lots.	Idem	V
1 Buffet	Idem	II
1 Bibliothèque	Idem	II
1 Panoplie d'objets d'ameublement . . .	Idem	I
2 Types de ganivelle	Rennes	IV
1 Baril pour l'expédition du beurre . .	Idem	IV
1 Tinette ovale	Idem	IV
1 Tinette ronde	Idem	IV
10 Manches de balai	Idem	I
3 Manches de lime	Idem	I

DÉSIGNATION.	PROVENANCE.	PANNEAU auquel L'OBJET est affecté.
PEUPLIER NOIR.		
1 Roue à polir, grande............	Baccarat............	II
1 Roue à polir, petite.............	Idem...............	II
2 Boîtes à dessin.................	Ligny...............	II
1 Paquet de plaquettes à fromagerie, grandes.	Aurillac.............	II
1 Paquet de plaquettes à fromagerie, petites	Idem...............	II
1 Série de 8 boîtes de pharmacie, variées avec couvercle en sapin.	Gérardmer...........	III
1 Série de 9 boîtes d'emballage, grandes.	La Croix-Saint-Ouen (Oise).	III
1 Série de 13 boîtes d'emballage, petites.	Idem...............	III
1 série de 11 boîtes d'emballage, les unes dans les autres.	Idem...............	III
10 Manches de drapeau...........	Arbois..............	1
5 Manches de rateau.............	Idem...............	1
1 Table plaquée.................	Montbéliard..........	1
1 Table non plaquée.............	Idem...............	1
3 Panneaux....................	Morbecque..........	1
PIN D'ALEP.		
1 Liasse de merrain pour emballage.	Aubagne............	IV
PIN À CROCHETS.		
1 Série de 5 jouets.............	Saint-Chaffrey (Hautes-Alpes).	V et II
PIN CEMBRO.		
1 Série de 10 jouets.............	Saint-Chaffrey (Hautes-Alpes).	II et V
1 Sculpture...................	Idem...............	V
10 Bonshommes et 4 jouets d'enfant.	Modane.............	V

DÉSIGNATION.	PROVENANCE.	PANNEAU auquel L'OBJET est affecté.
PIN MARITIME.		
Merrain	Bordeaux	IV
10 Manches à balai	Idem	I
1 Paquet de lattes	Idem	III
1 Petit meuble	Idem	II
1 Panier en racines	Idem	III
10 Pavés	Idem	II
5 Manches d'outils	Idem	I
1 Caisse d'emballage	Idem	II
PIN SYLVESTRE.		
1 Paire de sabots de montagnard, homme.	Le Puy	V
1 Paire de sabots de montagnard, femme.	Idem	V
1 Paire de sabots de montagnard, enfant.	Idem	V
1 Paire de sabots ordinaires, homme.	Idem	V
1 Paire de sabots ordinaires, femme.	Idem	V
1 Cintre pour débit d'animaux (chameau).	Lunéville	V
1 Panneau sculpté	Saint-Chaffrey (Hautes-Alpes).	V
POIRIER.		
1 Table à dessin	Ligny	II
1 Équerre	Idem	II
1 Règle plate	Idem	II
2 Règles à dessin, plates	Beauvais	II
2 T à dessin	Idem	II
2 Pistolets	Idem	II
1 Équerre à 45°	Idem	II
2 Équerres ordinaires	Idem	II
2 Planches à graver	Idem	II
2 Montures d'éventail	Idem	II et VI
2 Montures d'éventail	Idem	II

DÉSIGNATION.	PROVENANCE.	PANNEAU auquel L'OBJET est affecté.
POMMIER ACERBE.		
5 Cannes......................	Laon...............	II
3 Navettes de tisserand............	Maulevrier...........	V
2 Cannes......................	Amiens.............	II
PRUNIER DOMESTIQUE.		
1 Guillaume....................	Tarbes.............	II
ROBINIER.		
10 Dents de herse...............	Beauvais...........	III
20 Dents de rateau..............	*Idem*...............	III
1 Bobine à filer.................	Lons-le-Saunier.......	I
20 Bobines pour filature...........	Hasnon (Somme).....	I
4 Rais de voitures...............	Rennes.............	III
SAPIN.		
4 Douelles, 16 pouces, baril à sar- dines.	Limoux.............	IV
4 Douelles, 14 pouces, baril à sar- dines.	*Idem*...............	IV
4 Douelles, 12 pouces, baril à sar- dines.	*Idem*...............	IV
4 Douelles, 10 pouces, baril à sar- dines.	*Idem*...............	IV
8 Cornalières pour barils à sardines..	Limoux.............	IV
1 Arche de Noé brute sans animaux..	Lunéville...........	II
1 Arche de Noé en couleurs avec ani- maux.	*Idem*...............	II
1 Panoplie de sapin comprimé.......	*Idem*...............	V
1 Armoire à glace (sapin et aune)...	*Idem*...............	II
1 Buffet à étagère (sapin et aune)....	*Idem*...............	II
1 Cage à volailles (animaux en sapin comprimé).	*Idem*...............	V
2 Tonneaux à ciment..............	Champagnole........	IV
1 Paquet de lattes fendues..........	Raon-l'Étape........	III

DÉSIGNATION.	PROVENANCE.	PANNEAU auquel L'OBJET est affecté.
1 Paquet de lattes sciées	Raon-l'Étape	III
1 Paquet de frises à parquet	Idem	II
2 Cannes brutes	Idem	II
2 Cannes vernies	Idem	II
1 Comporte à vendange	Idem	IV
1 Baquet ovale	Idem	IV
1 Baquet rond	Idem	IV
1 Seau	Idem	IV
1 Traverse de scie	Hermes (Oise)	II
1 Tuyau de fontaine	Remiremont	I
3 Séries de 12 boîtes à jouets, dites «d'Allemagne».	Gerardmer	III
1 Série de 10 boîtes à fromage, rondes	Idem	III
1 Table	Tarbes	II
1 Baratte	Saint-Hippolyte	IV
1 Comporte à vendange	Idem	IV
1 Entonnoir à beurre	Idem	IV
6 Baquets à beurre	Idem	IV
4 Baquets à beurre	Idem	IV
1 Seille	Idem	IV
9 Bardeaux	Idem	IV
Tavaillons	Idem	IV

SAROTHAME COMMUN.

2 Balais	Blois	III

SAULE VIMINAL.

2 Paniers à bonbonne	Luxeuil	III
1 Brasse de 48 cercles de barrique	Dax	III
1 Van avec éclisse en chêne	Belfort	III
2 Paniers à ouvrage	Ancemont	III
2 Jardinières	Idem	III
1 Panier à fleurs	Idem	III
1 Panier à fruits	Idem	III
1 Collection de 6 petits paniers	Rennes	III
4 Meules pour horlogerie	Montbéliard	II

DÉSIGNATION.	PROVENANCE.	PANNEAU auquel L'OBJET est affecté.
SORBIER CORMIER.		
1 Règle plate à dessin.............	Beauvais.............	II
1 Table à dessin.................	Idem.................	II
2 Dents d'engrenage	Tarbes	II
2 Guillaumes	Idem.................	II
2 Manches d'outils..............	Dartan	II
1 Navette de tisserand...........	Maulevrier...........	V
1 Navette de tisserand avec tuyau....	Idem.................	V
SORBIER DES OISELEURS.		
1 Boîte à pharmacie..............	Dortan	I
2 Manches de lime dont 1 ciré......	Idem.................	I
TILLEUL À PETITES FEUILLES.		
1 Lion sous 3 phases	Lunéville	III
3 Rouleaux de corde.............	Coye (Oise)..........	I
4 Étuis à pharmacie. dimensions variées	Saint-Loup..........	I
Cercles pour caisses d'emballage.....	Thonon.............	III
2 Bobines creuses................	Dortan	I
2 Bobines à ailes................	Idem.................	I
2 Tuyaux pour soierie............	Idem.................	I
2 Dévidoirs avec branches en frêne...	Idem.................	I
1 Planche pour découper le cuir.....	Blois.................	II
2 Rondelles de moules à fromage....	St-Martin-de-Lantosque.	III
TILLEUL ARGENTÉ.		
2 Paquets de billes..............	Thonon.............	III
10 Petits échantillons de cordes......	Idem.................	III
VIORNE FLEXIBLE.		
3 Paniers en vannerie grossière......	Blois.................	III
BOIS DIVERS FRANÇAIS ET EXOTIQUES.		
Panneaux de marqueterie de grand luxe	Nancy...............	VI
UNE COLLECTION D'OBJETS EN LIÈGE.		

L'outillage forestier est représenté par 8 panneaux, savoir :

1° Outils de martelage;

2° Outils de sabotage (collection de l'École des Barres);

3° Outils de plantation (*id.*);

4° Outils de fente (*id.*);

5° Outils d'abatage et de façonnage en forêt (*id.*);

6° Serpes d'élagage;

7° Outils de résinage;

8° Émondoirs divers.

Routes et chemins servant à l'exploitation des forêts, chemins de fer, tramways. — Les bois forment une matière lourde et encombrante, qui serait sans aucune valeur si l'on ne disposait de chemins bien tracés permettant de les transporter à peu de frais jusqu'aux lieux de leur emploi.

Le développement et l'amélioration des chemins forestiers exercent donc une influence de tout premier ordre sur le prix de vente des coupes.

Les chemins contribuent aussi, en aérant les massifs, à rendre la végétation plus active et permettent à la surveillance de s'exercer avec plus de promptitude et d'efficacité. Aussi, l'Administration des Eaux et Forêts s'est-elle attachée de tout temps à perfectionner les voies existantes et à en créer de nouvelles qui abrègent les distances à parcourir et facilitent au commerce l'accès de toutes les parties de chaque forêt.

On peut dire qu'à part quelques exceptions sans importance réelle, le réseau des voies de desserte est dès à présent complet, en ce qui concerne les forêts domaniales. Mais si toutes les voies sont ouvertes, il ne s'ensuit pas qu'elles soient toutes en état de permettre les transports les plus économiques et les plus rapides. Nombre d'entre elles sont, suivant le langage usité, ouvertes en terrain naturel, c'est-à-dire sans empierrement et ne peuvent guère être utilisées pratiquement que par les temps secs ou pour des charrois peu importants. Aussi l'œuvre des vingt dernières années s'est-elle concentrée à peu près uniquement sur leur amélioration.

Au 1er janvier 1900, la longueur des chemins de toutes catégories, y compris les chemins de fer et tramways, traversant les forêts domaniales était de 27,156 kilomètres, alors que la statistique du 1er janvier 1877, indiquait déjà une longueur de 24,445 kilomètres. Dans ces 23 ans, l'accroissement total n'a donc été que de 2,711 kilomètres, soit en moyenne de 117 kilomètres par an.

Dans ce total sont compris tous les chemins publics, routes nationales et départementales, chemins vicinaux et ruraux, tramways et chemins de fer. Si l'on s'en tient aux chemins forestiers seuls, c'est-à-dire à ceux qui sont construits et entretenus par l'Administration des Eaux et Forêts, on trouve aux mêmes époques, c'est-à-dire au 1er janvier 1900, une longueur totale de 21,289 kilomètres et au 1er janvier 1877, 19,423 kilomètres.

Dans ces 23 années, l'accroissement total a donc été de 1,866 kilomètres, soit en moyenne de 81 kilomètres par an.

Dans ces routes forestières elles-mêmes, il importe de distinguer les chemins en terrain naturel, d'un usage restreint ainsi qu'on l'a vu, et les routes empierrées qui forment au contraire des voies de communication de premier ordre.

Si on considère également comme voie de premier ordre les tramways forestiers, qui, pour la première fois, prennent place dans une statistique et qui comptent au 1er janvier 1900, pour 44 kilomètres, et les chemins paillés ou ensablés sur fascines (483 kilomètres) qui, dans les dunes et dans certaines forêts, privées totalement de matériaux d'empierrement, remplacent des routes empierrées, on trouve que la longueur totale des voies forestières de premier ordre était au 1er janvier 1900, de 7,226 kilomètres, tandis qu'elle n'était en 1877, que de 4,725 kilomètres; soit une augmentation de 2,501 kilomètres, ou de 108 kilomètres en moyenne par an, et pour cette période de 23 ans, une augmentation correspondant aux 5/9 de la longueur existant en 1877.

Ce résultat si important n'a pu être obtenu qu'au prix des efforts les plus considérables et quelquefois en surmontant des difficultés inouïes. Il suffira de citer la route forestière déjà ancienne de

Saint-Laurent-du-Pont à la Grande-Chartreuse et celle de Combe-Laval à l'Écharrasson, dans la forêt domaniale de Lente (Drôme). qui traverse sur plusieurs kilomètres de longueur des escarpements de rochers complètement à pics et qui vient d'être terminée.

Il ressort des chiffres que nous avons indiqués que l'augmentation des voies publiques a été pendant le même temps de 845 kilomètres (2711-1866), et si l'on fait abstraction des chemins d'exploitations particulières (315 kilomètres), ce chiffre se réduit en réalité à 530 kilomètres, parmi lesquels les chemins de fer figurent à eux seuls pour 302 kilomètres et les tramways pour 30 kilomètres. En 1877, il n'existait encore aucun tramway traversant les forêts domaniales et on n'y trouvait que 19 kilomètres de chemin de fer.

Toutes ces voies de vidange sont très irrégulièrement réparties sur la surface du territoire de la France.

Leur abondance plus ou moins grande dépend des deux considérations suivantes :

1° Ressources de la forêt en matériel exploitable; 2° voisinage d'un chemin public en bon état. On comprend, en effet, que l'établissement d'une route forestière ne peut être d'aucune utilité si cette route ne se raccorde pas à une voie publique.

Les documents relatifs aux moyens de transports comprennent :

Une gouache de M. Gabin, représentant l'entrée des tunnels n°⁸ 4 et 5 de la route de Combe-Laval à l'Écharrasson, forêt domaniale de Lente (Drôme).

Une gouache de M. Gabin, représentant un tournant en encorbellement de la même route.

Une notice avec photographies de M. Blanquet de Rouville, inspecteur, sur la construction de cette route.

Un plan relief, modèle réduit d'un chemin de Schlitte dans les Vosges.

Un plan relief, modèle réduit de transport par câble métallique, établi sous la direction de M. Thiéry.

Une notice avec photographies sur le transport par câble métallique, par M. de Brun.

Maisons forestières. — Les préposés forestiers domaniaux ont à effectuer un double service. Ils assurent la surveillance de la forêt en la protégeant contre les délinquants de toute nature, et ils concourent dans une importante mesure à toutes les opérations culturales que nécessite sa mise en valeur. Ils aident au martelage des coupes, aux récolements, surveillent les exploitations et les travaux d'amélioration, entretiennent les lignes de coupes, participent aux arpentages, à la reconnaissance des chablis, à l'entretien des pépinières, etc.

Il est donc du plus grand intérêt de fixer leur résidence à proximité de leur triage (étendue de forêt qu'ils ont à surveiller), où leur présence continuelle, tout en prévenant les délits, leur permet de consacrer la majeure partie de leur temps aux opérations culturales. Aussi l'Administration des Eaux et Forêts s'est-elle efforcée depuis de nombreuses années de construire des maisons forestières dans les forêts domaniales ou à proximité.

Ces maisons, souvent isolées, doivent comprendre les installations indispensables à la vie campagnarde et en rapport avec les avantages consentis aux préposés domaniaux. Ceux-ci ont en effet la jouissance d'un hectare de terrain, qu'ils cultivent à leurs frais, le droit d'élever en forêt deux vaches et leurs suivants, ainsi que quelques porcs.

La maison comprend donc toujours, outre un minimum de trois pièces dont une cuisine, une étable, une porcherie, un hangar et un grenier à foin. Un four à cuire le pain et un puits ou tout au moins une citerne y forment en plus des annexes indispensables. Il y a même actuellement une tendance bien marquée à porter à quatre pièces le logement des préposés.

Suivant les localités et le coût plus ou moins élevé des frais de transport, le prix de revient d'une pareille installation peut être estimé de nos jours entre 7,000 et 9,000 francs.

Au 31 décembre 1899, sur un total général de 3,500 préposés ayant à s'occuper de la surveillance des forêts domaniales, de la pêche ou de l'entretien des routes forestières, 1.653 étaient logés en maisons forestières, ce qui donne la proportion de 47 p. 100. Cette proportion serait même bien plus forte si la surveillance des forêts n'était confiée qu'à des gardes domaniaux. Mais parmi les 3,611 gardes dont on relève l'existence, il s'en trouve beaucoup qui ont en même temps à assurer la surveillance de forêts communales. Ils prennent alors le nom de gardes mixtes. Parfois, l'importance de leur triage communal dépasse celle de leur triage domanial. De plus, pour la plupart, ils sont encore chargés d'assurer la surveillance des cours d'eau au point de vue de la pêche, ce qui, en absorbant une partie de leur temps, conduit à réduire la contenance de leur triage domanial.

Dès lors, pour un certain nombre de ces préposés, la surveillauce de la forêt domaniale devient une partie accessoire de leurs fonctions.

Leur présence premanente n'étant plus nécessaire, il n'y aurait aucun intérêt pour l'État à les loger en maison forestière.

M. Fron, garde général à Charolles, a envoyé :

   1 album intitulé : l'*Apiculture en maison forestière*.

   1 ruche à cadres.

   1 ruche mixte.

   1 ruche rustique.

   1 modèle de rucher.

Il arrive quelquefois que dans une même forêt un certain nombre de maisons forestières se trouvent éloignées des hameaux et par suite des écoles. Quand, à cette population forestière, viennent s'adjoindre quelques familles d'ouvriers établies à proximité des massifs, l'Administration s'est préoccupée des mesures à prendre pour assurer l'instruction primaire à leurs enfants. Elle s'est entendue à cet égard avec le Ministère de l'Instruction publique.

L'Administration des Eaux et Forêts a fait aménager la salle d'école et le logement de l'instituteur; elle fournit également le chauffage; le Ministère de l'Instruction publique pourvoit au traitement du titulaire.

Une notice avec photographies de M. Lafond, inspecteur-adjoint à Royan, donne des renseignements sur une école de cette nature (La Coubre).

M. Longueville a fourni un travail analogue sur une école primaire de Barjac, dans la forêt de l'Esterel (Var).

Scieries. — Les arbres abattus, ébranchés et découpés en billes sur le parterre de la forêt renferment encore une notable proportion de matière ligneuse, inutilisable comme bois d'œuvre et constituant un poids mort qu'il y a lieu de faire disparaître le plus tôt possible. C'est cette considération qui a déterminé l'établissement de scieries à proximité des forêts résineuses de la montagne, où les transports sont spécialement difficiles et où les cours d'eau fournissent un moteur très économique.

Beaucoup de marchands de bois ont construit à leurs frais des usines de cette nature, et se sont trouvés ainsi dans une situation privilégiée vis-à-vis de leurs confrères. L'État a dû, à son tour, en installer quelques-unes près des massifs les plus considérables, afin de ménager la concurrence et de ne pas rester à la merci de certains adjudicataires. La jouissance de ces scieries est affectée à l'exploitation des coupes pour une durée plus ou moins longue, suivant l'importance des produits à débiter.

Dans les Vosges, notamment, le résultat a été excellent; toutes choses égales, d'ailleurs, le commerce donne toutours la préférence aux coupes dont le débit est assuré par une scierie domaniale.

L'administration dispose ainsi de 68 scieries qui sont presque exclusivement situées dans la chaîne des Vosges.

Un modèle **réduit** de scierie perfectionnée figure à l'Exposition.

2° FIXATION ET ENTRETIEN DES DUNES.

Les vents d'Ouest qui soufflent avec constance sur le littoral de l'Océan soulèvent et poussent vers les terres les sables que la mer apporte et délaisse sur la plage à chaque reflux; amoncelés sous forme de nids ou de bourrelets parallèles entre eux et au rivage, ces sables mobiles donnent naissance aux dunes qui, par leur marche rapide vers l'intérieur, sont un danger permanent pour les cultures et les constructions, qu'elles atteignent et ensevelissent.

Le seul moyen d'arrêter l'invasion de ces sables est de les fixer; on y parvient à l'aide d'un tapis permanent de végétaux vivaces, abrité derrière une dune littorale.

La dune littorale créée artificiellement représente une sorte de digue de sable parallèle au bord de la mer, élevée de dix mètres environ au-dessus du niveau des plus hautes eaux et inclinée en pente douce vers les terres. Elle est plantée en gourbet ainsi que la zone littorale qui lui fait suite, de sorte que les sables qui la franchissent se trouvent arrêtés par la végétation qui couvre le sol.

Le gourbet, en s'opposant de façon absolue au déplacement du sable, l'empêche de former, par son accumulation, la première ride (ou le premier bourrelet) qui est le point de départ ordinaire des dunes mobiles.

La dune littorale, soumise aux efforts des marées et à la violence des vents, est consolidée par des clayonnages, des bourrées et surtout par des plantations de gourbet. Son entretien en bon état constitue un travail d'utilité publique de tout premier ordre, confié à l'Administration des eaux et forêts.

Sa longueur totale est de 336 kilomètres dont 124 kilomètres dans la 24ᵉ conservation (Vendée et Charente-Inférieure), et 212 kilomètres dans la 29ᵉ conservation (Gironde et Landes).

Immédiatement en arrière de la dune littorale se trouvent les dunes proprement dites, autrefois désert de sable, transformé aujourd'hui en forêts dans lesquelles le pin maritime occupe le premier rang, tant par sa parfaite apppropriation au sol et au climat que par la résine et le bois que l'on en retire.

L'étendue totale des dunes régies par l'Administration des eaux et forêts est de 65,260 hect. 57, dont 59,411 hect. 99 constituent des propriétés domaniales, et dont le reste, soit 5,848 hect. 58 a été fixé par les soins de l'État, qui le détient jusqu'à entier remboursement de ses avances.

Outre ces travaux de fixation des sables mobiles, l'Administration des eaux et forêts a été appelée, par la confiance des populations, à entreprendre le redressement et le fixation des courants déversant à l'Océan l'eau des étangs disséminés le long de la côte. C'est ainsi qu'elle s'est successivement occupée des courants de Mimizan, de Contis et de Cap Breton.

Les incendies sont fréquents dans les forêts des dunes; leur intensité est encore accrue par la sécheresse du climat et par la nature même des essences résineuses qui forment la plupart des massifs. Dans les forêts domaniales, des garde-feu, larges allées entretenues toujours à l'état de «sable blanc», ont été ouvertes, suivant des directions parallèles et perpendiculaires à la côte et permettent, en formant des tranchées infranchissables pour le feu, de localiser les dégâts. Malheureusement, les forêts domaniales sont entrecoupées par de nombreuses forêts appartenant à des propriétaires particuliers, dans lesquelles on n'a pas pris les mêmes précautions, et qui servent trop souvent à propager les incendies.

Divers projets ont déjà été étudiés pour que des mesures générales de protection soient prises. On peut espérer que devant l'urgence d'une solution qui formera une sauvegarde commune, il sera possible de trouver une combinaison qui satisfasse tous les intérêts en présence.

Tous les travaux dans les dunes domaniales sont exécutés par l'État, et payés sur le fonds de l'amélioration des forêts.

L'exposition relative aux dunes comprend :

Une gouache de M. GABIN. — Charente-Inférieure : Dunes de la Coubre, canton des Barrachois; allée d'aunes et de peupliers avec pins maritimes à droite de la vue.

20 desins de M. P. KAUFFMANN (5 groupes de 4 dessins). — Les gravures illustraient un article de M. KAUFFMANN, intitulé : *Dans les forêts d'Arcachon*, et publié dans le *Tour du monde*, édité par la maison Hachette et Cie. Les originaux de ces intéressantes illustrations ont été gracieusement offertes par l'auteur à M. le Conseiller d'État, directeur des Eaux et Forêts.

Les dunes du Pas-de-Calais. — Notice manuscrite avec photographies, par M. POIRÉE.

Les dunes de Normandie. — Notice manuscrite avec photographies, par MM. ZURLINDEN, ALLAIRE et HICKEL.

Les dunes de Bretagne. — Notice manuscrite avec photographies, par MM. MASSELIN et LESEURE.

Les dunes des Landes. — Notice manuscrite avec photographies, par M. DE LIGNIÈRES.

Travaux de défense contre l'Océan, par MM. MEYNIEUX et BÉNÉVENT.

Les dunes de la Méditerranée, par M. CASANAVE.

Les paysages des dunes, par M. FABRE.

Les paysages des dunes et les travaux de défense contre l'Océan (Charente-Inférieure et Vendée). — Notice imprimée avec phototypies, par MM. LAFOND et GUILBAUD.

Le transport des produits forestiers dans les dunes de la Gironde, par M. MALEPEYRE.

La défense des forêts contre les incendies (dunes et landes de Gascogne). — Notice imprimée avec phototypies, par M. DELASSASSEIGNE.

Le gemmage du pin maritime. — Notice imprimée avec phototypies, par M. VIOLETTE.

La récolte des graines de pin maritime, à la Coubre, par M. LAFOND.

La récolte des graines de pin maritime, à Longeville, par M. GUILAAUD.

3° RESTAURATION ET CONSERVATION

DES TERRAINS EN MONTAGNE.

La restauration et la conservation des terrains en montagne constitue une des attributions les plus importantes de l'Administration des eaux et forêts.

Bien qu'entreprise dès 1860 sous le nom de «reboisement des montagnes», cette œuvre n'a pris un réel développement que depuis une quinzaine d'années.

La revision des anciens périmètres et l'acquisition des terrains maintenus dans les nouveaux ont, en effet, absorbé la plus grande partie du temps des agents locaux jusqu'en 1887; ce n'est donc qu'à partir de cette époque que l'on a pu songer à faire une application un peu étendue de la loi du 4 avril 1882.

Les mesures prévues par cette loi peuvent se répartir en trois grands groupes :

I. Les travaux d'utilité publique effectués directement par l'État;

II. Les travaux facultatifs de reboisement à la charge des communes et des particuliers, avec subvention de l'État;

III. Les améliorations pastorales réalisées par les communes ou les particuliers, avec le concours de l'État.

I. — TRAVAUX D'UTILITÉ PUBLIQUE.

Constitution des périmètres. — Aux termes de l'article 2 de la loi du 4 avril 1882, l'utilité publique des travaux de restauration rendus nécessaires par la dégradation du sol et les dangers nés et actuels, ne peut être déclarée que par une loi qui fixe le périmètre des terrains sur lesquels ces travaux doivent être exécutés.

Le premier soin de l'Administration était donc de procéder à la reconnaissance des terrains dont la restauration est d'utilité publique, et de préparer les projets de loi à soumettre au Parlement.

Au 1er janvier 1900, la situation est la suivante :

1°. Périmètres votés par les Chambres.

24 périmètres d'une contenance de .... 48,016^h 01^a 34^c

2°. Périmètres soumis au Parlement.

11 périmètres d'une contenance de 20,673 31

3°. Périmètres à soumettre au Parlement.

3 périmètres d'une contenance de 9,792 56 81

4°. Périmètres soumis aux enquêtes.

5 périmètres d'une contenance de 6,358 28 02

43 périmètres d'une contenance de 84,840 17 17

Les périmètres définitifs comprennent donc une étendue de 84,840 hectares.

De nombreux projets sont, en outre, à l'étude dans les divers départements qui tombent sous l'application de la loi de 1882.

Acquisition des terrains. — Suivant les prescriptions de l'article 4, l'État doit acquérir soit à l'amiable, soit par expropriation, les terrains compris dans les périmètres fixés par la loi.

L'Administration a poursuivi chaque année, dans les limites des crédits mis à sa disposition, l'acquisition des terrains situés dans les périmètres décrétés d'utilité publique, ou dans ceux dont les projets étaient définitivement établis.

Le tableau ci-après fait connaître, par région montagneuse, le résultat de ces opérations au 1er janvier 1899 ; il indique, en outre, la surface restant à acquérir et la dépense d'achat présumée.

CONSISTANCE DES PÉRIMÈTRES.

RÉGIONS.	TERRAINS À L'ÉTAT.				CONTENANCES des nouveaux périmètres d'après l'avant-projet le projet ou la loi.	TERRAINS restant à acquérir d'après l'avant-projet le projet ou la loi.	FRAIS des ACQUISITIONS réalisées.	DÉPENSE PRÉVUS pour les acquisitions restant à faire.
	PROVENANT des anciens périmètres revisés.	ACQUIS depuis la revision des anciens périmètres.		TOTAL des terrains à l'État.				
		dans les limites des nouveaux périmètres.	en dehors des limites des nouveaux périmètres.					
	hectares.	hectares.	hectares.	hectares.	hectares.	hectares.	francs.	francs.
Alpes	41,212	46,031	18,475	105,718	164,374	118,343	12,670,404	17.105.266
Cévennes et Plateau central.	24,602	9,208	3,180	36,990	48,822	39,614	10,156,633	5,807,171
Pyrénées	3,610	7,389	247	11,246	32,214	24,825	1,530,121	4,364,611
Totaux.	69,424	62,628	21,902	153,954	245,410	182,782	24,357,158	27,277,048

NOTA. — Pèndant l'année 1899, l'Administration des Eaux et Forêts a acheté :

8.727 hectares de terrains compris dans les périmètres
et 264 hectares en dehors.

En tout 8,991 hectares ayant coûté, tous frais compris, 865,648 francs.

Travaux. — Sans entrer dans le détail de tous les ouvrages que comporte la restauration des terrains en montagne, il semble nécessaire de bien indiquer le but poursuivi et les moyens employés pour l'atteindre.

Tout le monde connaît le *torrent*, ce cours d'eau, parfois intermittent, qui a pour caractère principal d'arracher des matériaux aux versants et de les déposer dans la plaine. Ce qui rend les crues des torrents redoutables, c'est leur puissance d'affouillement.

Le but des travaux de restauration ne consiste pas essentiellement, ainsi qu'on le suppose parfois, dans la régularisation du régime des cours d'eau par la création de forêts dans l'étendue de leurs bassins; on se propose surtout, d'une part, de supprimer dans les torrents existants la possibilité de l'affouillement et, par suite, le transport des matériaux, tout en diminuant la violence et la soudaineté des crues, et, d'autre part, de prévenir toute érosion pouvant donner lieu à la formation de nouveaux torrents.

Qu'il s'agisse des boues glaciaires, des marnes du lias ou des schistes lustrés du trias dans les Alpes, des terrains de transport ou des schistes dévoniens dans les Pyrénées, des granites ou des micaschistes en voie de désagrégation dans les Cévennes, le problème à résoudre est partout le même.

Il faut, au moyen de travaux de correction, apporter au régime des torrents une amélioration immédiate, rendre à leur lit la stabilité et arrêter les mouvements du sol pour permettre à la végétation de s'y installer. Le reboisement intervient en même temps pour assurer la durée des premiers résultats obtenus, soustraire le terrain à l'action des agents de démolition et en maintenir le relief.

Lorsque les ravins ne servent qu'à l'écoulement des eaux provenant des pluies d'orage et surtout lorsqu'ils présentent une faible longueur, les travaux de correction peuvent se réduire à des garnissages de branches couchées au fond du lit et maintenues sur le sol.

Dans les torrents, on a recours aux barrages pour relever le lit et aux drainages pour arrêter les glissements qui se produisent sur les versants.

On obtient, au moyen des barrages, un profil en long en pente douce, stable par conséquent. Le relèvement du lit a, de plus, pour effet de soutenir les berges et de les empêcher de s'ébouler ; enfin, l'énergie du mouvement se transforme au pied de chaque chute et l'eau y perd sa vitesse.

A ces travaux de correction, qui sont d'un emploi fréquent pour la restauration des montagnes, l'Administration a dû, dans certains cas, ajouter quelques ouvrages spéciaux tels que : revêtements de talus, dérivation d'eau, murettes contre les avalanches...

Enfin, en outre des travaux de reboisement proprement dits, il convient de signaler quelques travaux auxiliaires : délimitation, bornage et clôture des périmètres, ouverture de chemins d'accès, construction de baraquements...

Les résultats des travaux effectués jusqu'au 1ᵉʳ janvier 1899 sont consignés dans le tableau ci-après, qui indique le chiffre approximatif des dépenses nécessaires pour terminer les travaux de restauration d'utilité publique.

En 1899, une contenance de 5,108 hectares a été reboisée.

II. — REBOISEMENTS FACULTATIFS.

L'article 5 de la loi du 4 avril 1882 stipule que « dans les pays de montagnes, en dehors des périmètres établis conformément aux dispositions qui précèdent, des subventions continueront à être accordées aux communes, aux associations pastorales, aux fruitières, aux établissements publics et aux particuliers, à raison des travaux entrepris par eux pour l'amélioration, la consolidation du sol et la mise en valeur des pâturages ».

Les subventions pour reboisements facultatifs, autorisées par la loi du 28 juillet 1860, ont donc été maintenues sous l'empire de la législation nouvelle ; et, en fait, de nombreuses demandes de cette nature ont été adressées à l'État, tant par les communes que par les particuliers.

Les tableaux ci-après font connaître les résultats obtenus au 1ᵉʳ jan-

RÉGIONS.	CONTENANCE des TERRAINS à l'État.	RÉSULTATS DES TRAVAUX. TERRAINS					DÉPENSES EFFECTUÉES. TRAVAUX			FRAIS généraux.	TOTAL.	DÉPENSES prévues pour l'achèvement des travaux.
		naturellement boisés.	parcourus par des semis ou plantations.	à reboiser.	non reboisables.	à réfectionner. (Col. 4.)	forestiers.	de correction.	auxiliaires.			
	hect.	hect.	hect.	hect.	hect.	hect.	francs.	francs.	francs.	francs.	francs.	francs.
Alpes	105,718	5,389	48,093	39,193	13,043	6,616	11,902,162	10,584,381	3,182,349	2,202,202	27,871,094	66,541,848
Cévennes	36,990	1,723	30,852	4,352	63	5,443	5,670,505	312,808	1,243,627	426,695	7,653,635	8,865,885
Pyrénées	11,246	2,993	5,548	2,388	317	1,412	1,739,738	1,157,466	495,084	214,679	3,606,967	12,163,953
Totaux	153,954	10,105	84,493	45,933	13,423	13,471	19,312,405	12,054,655	4,921,060	2,843,576	39,131,696	87,571,686

— 98 —

vier 1899, le premier par les communes, le second par les particuliers.

Les chiffres portés à la colonne 2 indiquent les surfaces définitivement boisées et non pas seulement celles qui ont été parcourues par des plantations ou des semis imparfaitement réussis.

Tableau N° 1. — *Reboisements facultatifs communaux.*

RÉGIONS.	SURFACE REBOISÉE.	SOMMES DÉPENSÉES par les COMMUNES.	SUBVENTIONS		DÉPENSE TOTALE.
			du DÉPARTEMENT.	de L'ÉTAT.	
	hectares.	francs.	francs.	francs.	francs.
Alpes...............	23,067	710,013	607,850	1,534,564	2,852,417
Cévennes et départements limitrophes...	16,160	176,111	570,052	1,261,964	2,008,127
Pyrénées...........	3,709	143,038	131,034	415,540	689,612
Corse..............	195	23,501	10,449	13,348	47,298
Départements de l'Est.	2,618	192,892	88,874	250,807	532,573
Totaux.....	45,749	1,245,555	1,408,259	3,476,223	6,130,037

Tableau N° 2. — *Reboisements facultatifs particuliers.*

RÉGIONS.	SURFACE REBOISÉE.	SOMMES DÉPENSÉES par les PARTICULIERS.	SUBVENTIONS		DÉPENSE TOTALE.
			du DÉPARTEMENT.	de L'ÉTAT.	
	hectares.	francs.	francs.	francs.	francs.
Alpes...............	3,703	258,688	24,369	111,628	394,685
Cévennes et départements limitrophes..	25,090	1,509,733	152,263	808,084	2,470,080
Pyrénées...........	3,437	304,767	10,300	136,836	451,903
Corse..............	3	100	"	400	500
Départements de l'Est.	396	38,083	600	20,192	58,875
Totaux.....	32,629	2,111,371	187,532	1,077,140	3,376,043

Il convient de remarquer que la loi de finances du 28 avril 1893 et, depuis cette époque, les lois de finances successives ont admis les terrains communaux improductifs à bénéficier des subventions réservées jusqu'alors aux seuls terrains en montagne.

Cette disposition législative, qui paraît appelée à rendre à la culture forestière des terrains impropres à tout autre mode d'exploitation, est de date trop récente pour avoir produit des résultats appréciables.

III. — AMÉLIORATIONS PASTORALES.

L'Administration ne s'est pas bornée à encourager les reboisements entrepris par les particuliers et les communes, elle a largement subventionné tous les travaux d'amélioration pastorale qui présentaient un intérêt collectif.

Ses efforts ont eu surtout pour objet la création de fruitières en vue de propager l'industrie laitière dans les régions où l'élevage du bétail constituait à peu près la seule ressource tirée de l'exploitation des pâturages. Avec ce mode d'exploitation et les aléas qu'il comporte, le propriétaire de troupeaux ne pouvait pas espérer un revenu supérieur à o fr. 07 ou o fr. 08 par litre de lait, tandis que celui-ci est vendu o fr. 10 ou o fr. 11 aux fruitières pour la fabrication du beurre fin ou de fromages variés. Le bénéfice est donc de 25 à 30 p. 100.

Le développement de l'industrie laitière a, en outre, provoqué la substitution graduelle de la race bovine à la race ovine et a, par conséquent, réduit le nombre de bêtes à admettre au pâturage, car une grande partie des montagnes, livrées au parcours des moutons ou des chèvres, sont inaccessibles au gros bétail. L'installation des fruitières a donc, dans une certaine mesure, contribué à la conservation des terrains en montagne.

L'Administration a subventionné, tant dans les Alpes que dans les Pyrénées, 53 fruitières dont la plupart fonctionnent régulièrement et sont en pleine prospérité.

Elle a aussi coopéré à divers travaux d'amélioration pastorale pro-

prement dits, tels que débroussaillements, écobuages, construction
de canaux d'irrigation, de chemins, de résérvoirs, établissement de
baraques...

Un plan en relief établi sous la direction de M. Faure, ingénieur
hydraulicien, représente un système d'irrigation adopté au Thillot
(Vosges).

Dioramas. — Au centre du local affecté à l'Administration des
eaux et forêts, s'élève une construction rustique dans laquelle ont été
installés deux dioramas.

Le torrent de la Grollaz, qui fait le sujet de ces dioramas, coule
dans le département de la Savoie : c'est un affluent de l'Arc.

En 1810, lors de la construction de la route nationale de Paris
à Turin par le Mont-Cenis, il était représenté comme un simple
ruisseau de montagne inoffensif et même bienfaisant. Plus récem-
ment, vers 1866, au moment de la construction de la ligne ferrée
du Rhône au Mont-Cenis, qui conduit de France en Italie, il ne
donnait lieu encore à aucune inquiétude, et aucune précaution ne
fut prise contre ses crues.

Depuis cette époque, à la suite de pluies intenses et de neiges
abondantes, ce ruisseau s'est transformé subitement en torrent dont
les premières *laves* ont envahi 17 hectares de cultures et de belles
prairies. Ces dépôts, en s'avançant d'année en année, ne tardèrent
pas à compromettre la circulation sur la route nationale et sur la
voie ferrée.

C'est alors que l'Administration des·eaux et forêts entreprit la
correction du torrent et résolut de tarir la source des matériaux
charriés. L'étude à laquelle il fut procédé sans délai démontra que,
dans sa section inférieure, la Grollaz coulait à travers un sol in-
stable, formé de boues glaciaires sur la rive gauche et de marnes
argileuses sur la rive droite. Dans ces terres affouillables, le torrent
s'était creusé un lit très encaissé provoquant l'effondrement des
berges et, par suite, celui des cultures et des villages qui les sur-
montaient.

Le barrage de premier ordre n° 1, représenté par les deux dioramas exposés, forme le premier échelon d'une série continue d'ouvrages ayant pour but spécial la fixation de ces berges et du lit.

Il se trouve à l'altitude de 852 mètres et a été construit en 1881. C'est un ouvrage rectiligne en maçonnerie de mortier, muni d'un contre-barrage et d'une tête de radier auxquels il est relié par des enrochements en gros blocs.

Sa hauteur au-dessus du lit est de 5 mètres.

Son épaisseur au milieu du couronnement, sur l'axe, est de 1 m. 30.

Le premier des dioramas, qui reproduit l'état des lieux d'après une photographie de 1885, laisse entrevoir, un peu au-dessus d'un sentier taillé dans la berge, le barrage de premier ordre n° 2 et, en aval, deux ouvrages secondaires en maçonnerie de pierre sèche avec couronnement en maçonnerie de mortier.

A cette époque, la végétation forestière commençait à s'installer par places sur les berges à peines fixées.

Le second des dioramas permet de se rendre compte des changements survenus depuis 1885 jusqu'à 1898. Il est la reproduction d'une photographie qui montre très nettement le reboisement complet du terrain à la suite de sa consolidation.

Le torrent de la Grollaz est actuellement considéré comme définitivement éteint.

La restauration et la conservation des terrains en montage comportent un grand nombre de documents :

3 cartes des périmètres de restauration, établies sur des feuilles au 1/200,000, du Service géographique de l'armée : 1° Région des Alpes; 2° Régions des Cévennes et du Plateau central; 3° Région des Pyrénées.

1 panneau en bois incrusté représentant la carte géologique des Basses-Alpes, par M. SIRLONGE, garde général.

1 atlas des périmètres de restauration à l'échelle de 1/100,000.

1 plan en relief. — Hautes-Alpes : Périmètre de Durance-Luye; série Rémollon; travaux de correction, par M. CHARLEMAGNE, conservateur.

1 plan en relief. — Alpes-Maritimes : Périmètre du Var supérieur; série de Villeneuve-d'Entraunes, par MM. VINCENT, inspecteur adjoint, et ROCHAT, géomètre.

1 plan en relief du département de l'Isère, par M. MADELIN, inspecteur adjoint.

1 plan en relief. — Savoie : Torrent de Saint-Julien; tunnel de dérivation et lit d'écoulement, par M. MOUGIN.

1 modèle réduit de la sécherie de graines résineuses de la Cabanasse (Pyrénées-Orientales).

1 aquarelle. — Hautes-Alpes : Petit-Buech; série de Montmaur; la Cluse en Dévoluy, par M. LEFIÈVRE, professeur de dessin au lycée de Gap.

1 aquarelle. — Hautes-Alpes : Série de Montmaur; maison forestière des Sauvas et plantation de pins, par le même.

1 aquarelle. — Isère : Romanche; série de Livet et Gavet; torrent de Vandaine, par M. Édouard BRUN, artiste peintre à Grenoble.

1 aquarelle. — Isère : Drac-Souloise; série de Pellafol; vue d'ensemble de la ruine des Payas, après l'achèvement des travaux, par le même.

Une aquarelle. — Isère : Drac-Bonne; série d'Oris-en-Rattier; vue de la combe de l'Aura, par le même.

15 gouaches, par M. GABIN, artiste peintre à Paris, 60/75 centimètres :
>   Basses-Alpes : Ubaye; série de Jausiers; le torrent de Sanières en 1887.
>   Basses-Alpes : Ubaye; série de Jausiers; le torrent de Sanières en 1897.
>   Basses-Alpes : Ubaye; série de Faucon; le ravin de Rata en 1887.
>   Basses-Alpes : Ubaye; série de Faucon; le ravin de Rata en 1897.
>   Alpes-Maritimes : Tinée; série de Saint-Étienne-de-Tinée; division de Veus et Morgon.
>   Drôme : Drôme-Bez; série de Menglon; le canton de Picmard.
>   Drôme : Drôme-Bez; série de Boulc; débouché du torrent de Boule dans celui des Gas.
>   Isère : Drac-Souloise; série de Pellafol; ruine des Payas, partie supérieure.
>   Isère : Drac-Souloise; série de Pellafol; ruine des Payas, partie inférieure.
>   Gard : Dourbie; série de Saint-Sauveur; maison forestière de Saint-Sauveur et ses abords.
>   Gard : Observatoire de l'Aigoual et ses abords.
>   Haute-Garonne : La Pique; série de Bagnères-de-Luchon; correction du torrent de Laou-d'Esbas.

Hautes-Pyrénées : Bastan; série de Sers; vue de Barrèges, 15 jours après l'avalanche du 21 janvier 1897.

Hautes-Pyrénées : Bastan; série de Sers; construction de banquettes pour défense contre les avalanches.

Hautes-Pyrénées: gave de Pau; série de Cauterets; torrent de Lizey: lave des 22-25 avril 1895.

14 photographies de 60/75 centimètres:

Basses-Alpes: Ubaye; série de Saint-Pons; ravin de la Pare et reboisements voisins.

Basses-Alpes: Ubaye; série de Saint-Pons; barrage principal du Riou-Bourdoux.

Basses-Alpes: Ubaye; série de Saint-Pons; ravin du Riou-Chamons.

Hautes-Alpes: Drac supérieur; série de Laye; plantations de mélèzes.

Alpes-Maritimes: Paillon; série de Berre-des-Alpes; reboisement et correction du bassin du torrent de la Garde.

Alpes-Maritimes; Tinée; séries de Delmas et Servage; vestiges de forêts aux grandes altitudes.

Drôme: Eygues; série de Montréal; terrains ruinés et dégradés.

Savoie : Arc supérieur; série de Beaune; torrent de la Grollaz; barrages n°s 4 et 5 en 1889.

Savoie : Arc supérieur; série de Beaune; torrent de la Grollaz: barrages n°s 4 et 5 en 1897.

Savoie: Arc supérieur; série de Sallières-Sardières; gorges du torrent de l'Euvers.

Vaucluse: Sorgne; série de Bedoin; peuplements de cèdres et de pins sylvestres semés de 1862 à 1864.

Lozère: Lot supérieur; séries de Mende et de Balsièges; plantations de pins noirs.

Hautes-Pyrénées : Bastan; séries de Sers et de Betpouey; reboisements des cantons des Artigalas et des Collongues.

Hautes-Pyrénées: Gave de Pau; travaux de la combe de Péguerre.

20 albums de photographies diverses.

Situation au 1er janvier 1900 des périmètres de restauration au point de vue de leur consistance, des résultats des travaux exécutés, des dépenses effectuées et des dépenses prévues pour l'achèvement des travaux, par P. Leddet.

12 notices imprimées avec phototypies, sur diverses questions relatives à la restauration des montgnes :

Bernard (C.-S-M.). Les terrains et les paysages torrentiels (Haute-Savoie).

Bernard (F.-M.-C.-C.). Correction des ruines de Pellafol (Isère).

Calas. Le pin laricio de Salzmann.

— La processionnaire du pin.

Campagne. Travaux de défense contre les avalanches dans les Hautes-Pyrénées.

Champsaur. Les terrains et les paysages torrentiels (Basses-Alpes).

Dellon. Les travaux de correction dans les Hautes-Pyrénées.

De Gorsse. Les terrains et les paysages torrentiels (Pyrénées).

Kuss. Éboulements, glissements et barrages.

— Les torrents glaciaires.

Mougin. Consolidation des berges par dérivation d'un torrent Saint-Julien (Savoie).

Wattier. Les essences et les travaux de boisement (Ariège et Haute-Garonne).

41 notices manuscrites avec photographies sur le même sujet :

Bénardeau et Delavaivre. Le torrent de la Sioule (Puy-de-Dôme).

Béraud. Le périmètre de la haute Isère (Savoie).

Bernard (C.-J.-M.). Le périmètre de l'Arve (Savoie).

Bernard (F.-M.-C.-C.). Les terrains et les paysages torrentiels (Isère).

Billecard. Les périmètres des Hautes-Alpes.

— Les travaux de correction (Hautes-Alpes).

— Barrages armés; barrages sur voûtes; épis (Hautes-Alpes).

T. de Bouchony. Les périmètres de l'Hérault.

De Brun. Les essences et les travaux de boisement (Alpes-Maritimes).

— Les travaux de correction (Alpes-Maritimes).

Calas. Les périmètres de la Têt supérieure et de la Têt inférieure Pyrénées-Orientales).

Champagne. Les essences et les travaux de boisement (Hautes-Pyrénées).

— La vallée de Barèges et les crues du Bastan (Hates-Pyrénées).

Camus. Les périmètres de l'Ardèche.

Carrière. Compte rendu général des travaux de restauration dans les Basses-Alpes.

De Carbon-Ferrière. Le périmètre de l'Aude inférieure (Aude).

Dellon. La combe de Péguerre et le ravin de Thou (Hautes-Pyrénées).

— Le torrent de Lizey (Hautes-Pyrénées).

Deuxdeniers. Les périmètres de la Lozère.

Eschalier. Le périmètre de la Têt supérieure [partie] (Hautes-Pyrénées).

Fabre. Les périmètres du département du Gard.

Falque. Les périmètres du département de Vaucluse.

De Gorsse. L éboulement et les affaissements de terrains de Viella (Hautes-Pyrénées).

Griess. Les reboisements dans le Rhône.

Hallauer. Les terrains et les paysages torrentiels (Alpes-Maritimes).

Levrault. Les périmètres de restauration de la Drôme.

Lombard. Statistique graphique des travaux de reboisement dans les Basses-Alpes.

Mougin. Les travaux de protection contre les avalanches et les torrents en Suisse.

Muller. Les essences et les travaux de boisement dans l'Isère.

— Les travaux de correction dans l'Isère.

Pécheral. Les travaux de correction dans les Basses-Alpes.

Perroy. Monographie des torrents de l'Embrunois (Hautes-Alpes).

Pozzi et Peyroux. Les périmètres de la Haute-Loire.

Sardi. Les périmètres du Drac supérieur et du Drac Serveraisse (Hautes-Alpes.

Surell. Le reboisement dans les Bouches-du-Rhône.

Tessier. Photographies du périmètre de la Sorgne (Vaucluse).

Trotabas. Les essences et les travaux de boisement (Basses-Alpes).

— Les travaux de garnissage (Basses-Alpes).

Vessiot. Le reboisement dans le département de la Loire.

Vidal. Le périmètre de l'Argent-Double (Aude).

Wattier, Bauby et d'Ussel. Les périmètres de la 18e conservation.

9 notices avec photographies relatives à la récolte et à la préparation des graines résineuses:

Cazanave. La sécherie de la Cabanasse avec plans, coupes et élévations des bâtiments et de l'étuve.

Bénardeau, Lamy et Carmantrand de la Roussille. Récolte du pin sylvestre dans l'arrondissement d'Ambert (Puy-de-Dôme).

Boyer. Récolte du pin sylvestre à Murat (Cantal).

Béraud. Récolte de graines d'épicéa à Modane et à Moutiers (Savoie).

Brouilhet. Récolte de mélèze et pin cembro à Briançon (Hautes-Alpes).

Perroy. Récolte de mélèze et pin cembro à Embrun (Hautes-Alpes).

Capoduoro. Récolte de pin d'Alep à Aubagne (Bouches-du-Rhône).

De Carbon-Ferrière. Récolte de sapin dans l'Aude.

Planque. Récolte de mélèze et pin cembro à Barcelonnette (Basses-Alpes).

6 notices se rapportant aux améliorations pastorales:

Campabdon. Les améliorations pastorales dans l'Ariège et la Haute-Garonne (notice imprimée).

Buisson. Les fruitières de la Haute-Garonne (notice imprimée).

Cardot. Les améliorations pastorales (notice imprimée).

De Brun. Les fruitières des Alpes-Maritimes (notice manuscrite).

Imbart. Les fruitières du Queyras [Hautes-Alpes] (notice manuscrite).

Buisson, Clauda et Dussaut. Les améliorations pastorales dans l'Ariège.

8 notices diverses :

BERNARD, CAMPAGNE et FARRE. Les modes de clôture des périmètres.

LONGUEVILLE et BOISSAYE. Défense des forêts contre l'incendie,

BIQUET. Défense des forêts contre l'incendie.

BRETON, Emploi de la stadia verticale.

DE LARMINAT. De l'emploi du pin maritime comme essence temporaire

Enfin un compte rendu des travaux de restauration.

Situation au 1ᵉʳ janvier 1900 des périmètres de restauration au point de vue :

1° de leur consistance;

2° des résultats des travaux exécutés;

3° des dépenses effectuées;

4° des dépenses prévues pour l'achèvement des travaux.

4° LA PÊCHE FLUVIALE.

Les cours d'eau de la France comprennent un réseau d'environ
275,000 kilomètres de fleuves, rivières, ruisseaux et canaux.

Sur cet ensemble, les longueurs classées comme navigables
et flottables sont de 16,687 kilomètres, dont 8,229 kilomètres représentent les canaux et rivières canalisées, et 8,388 kilomètres les
rivières navigables et flottables de leur propre fond.

Les cours d'eau non navigables ni flottables mesurent environ
258,000 kilomètres.

Les portions de cours d'eau classées comme navigables et flottables font partie du domaine public: le droit de pêche y appartient
à l'État.

Dans tous les autres, ce droit appartient aux propriétaires rive-
rains, chacun de son côté, jusqu'au milieu du cours d'eau.

Dans la première catégorie, le droit de pêche est affermé au profit
du Trésor et par voie d'adjudication publique.

Toutefois, certaines parties de ces cours d'eau, où l'on a constaté
l'existence de frayères naturelles importantes, sont mises en réserve
pour la reproduction du poisson ; toute espèce de pêche, même à
la ligne flottante tenue à la main, y est interdite pendant l'année
entière.

Ces réserves s'étendent sur une longueur d'environ 880 kilomètres.

Il existe, en outre, environ 105 kilomètres de réserve dans les
cours d'eau où le droit de pêche appartient aux particuliers.

Le produit des amodiations rapporte au Trésor, en chiffres ronds.
un million de francs (exactement 964,702 francs en 1899).

L'ensemble du service de la pêche et de la pisciculture est placé dans les attributions du Ministère de l'Agriculture et rattaché à l'Administration des Eaux et Forêts.

Toutefois, dans les canaux et rivières canalisées, la pêche ressortit au Ministère des Travaux publics et demeure confiée à l'Administration des Ponts et Chaussées.

La surveillance de la pêche, sa police et son exploitation sont régies par les lois des 15 avril 1829 et 31 mai 1865, 18 novembre 1898, par le décret du 5 septembre 1897, et les arrêtés préfectoraux pris annuellement dans chaque département, après consultation des Conseils généraux et avis de la Commission de la pêche fluviale instituée auprès du Ministre de l'Agriculture.

Le personnel de surveillance se compose principalement des gardes des eaux et forêts, gendarmes, gardes de navigation, éclusiers, gardes champêtres, gardes particuliers, auxquels il faut adjoindre, pour la surveillance du colportage, les employés des douanes, des contributions indirectes et des octrois, les agents de police, etc.

En ce qui concerne le repeuplement des cours d'eau, l'Administration a renoncé à entretenir un établissement central de pisciculture; mais elle a créé et elle favorise, par des subventions, des établissements régionaux, placés à proximité des cours d'eau à repeupler, et principalement en tête des bassins, pour les espèces migratrices.

Ces établissements sont de trois catégories :

1° Domaniaux, quand ils sont entièrement créés, entretenus et gérés par l'État : un des plus importants est situé à Thonon, en Haute-Savoie, sur les bords du lac Léman.

2° Départementaux ou communaux, suivant qu'ils sont fondés ou entretenus sur les crédits votés à cet effet par les conseils généraux de chaque département ou par les conseils municipaux des communes.

Ces sortes d'établissements sont, en général, gérés par le Service des eaux et forêts, ou contrôlés par lui, spécialement à l'occasion de la délivrance des subventions;

3° D'autres établissements créés et entretenus par des sociétés de pêche ou de pisciculture ne relèvent que de ces associations comme gestion, mais reçoivent cependant une certaine impulsion de l'Administration, notamment pour l'emploi des subventions allouées.

Quant aux établissements privés, ils échappent totalement à l'action administrative.

Il existe en outre, dans différentes écoles d'agriculture, des laboratoires de pisciculture qui servent tant à instruire les élèves qu'à repeupler les cours d'eau avoisinants.

Deux laboratoires spéciaux sont en voie de construction à l'École nationale des eaux et forêts de Nancy, pour permettre l'étude scientifique des poissons indigènes et exotiques au point de vue de leur développement normal et de leur pathologie.

Les sociétés de pêche et de pisciculture, qui se développent d'une façon remarquable depuis quelques années, constituent de précieux auxiliaires pour l'État dans l'œuvre de la pisciculture.

Leur nombre qui n'était que d'une centaine en 1897 est actuellement supérieur à 300 et tend tous les jours à s'augmenter.

Le Parlement vote chaque année, depuis 1898, un crédit spécialement destiné à encourager ces utiles associations, par des subventions calculées suivant les sacrifices dont elles ont justifié, soit pour renforcer la surveillance et réprimer le braconnage, soit pour assurer le repeuplement des eaux.

Les poissons qui peuplent les eaux douces de la France comprennent environ une centaine d'espèces, divisées en 14 familles et 34 genres.

Les espèces les plus répandues peuvent être classées en deux catégories, eu égard aux dimensions qu'elles sont susceptibles d'acquérir ou à leur degré d'utilité dans la consommation publique.

La première catégorie comprend principalement l'alose, l'anguille, le barbeau, la brème, le brochet, la carpe. le chevaine ou meunier, l'esturgeon, la lamproie, la lotte, l'omble-chevalier, l'ombre, la perche, le saumon, la tanche et la truite.

La deuxième comprend l'ablette et les diverses ables, le chabot, l'épinoche, le gardon, le goujon, la loche, la rotengle, la vaudoise, le vairon, etc.

Les poissons de cette catégorie ont, pour la plupart, de petites dimensions, et servent en général de pâture aux poissons voraces.

Les crustacés comestibles sont uniquement représentés par l'écrevisse, qui était très nombreuse autrefois dans les eaux françaises.

Une épidémie fort meurtrière en a fait périr une grande quantité il y a environ vingt ans.

Depuis quelques années on signale leur réapparition sur différents points du territoire.

La grenouille fait l'objet d'un commerce local qui n'est pas sans une certaine importance dans quelques départements, notamment dans l'Est.

En dehors des eaux courantes, la France contient un assez grand nombre de lacs et d'étangs d'eau douce, dont la culture atteint dans certaines régions, comme la Somme, les Dombes, la Sologne, une véritable importance.

Ce sont des eaux closes dont l'exploitation purement privée n'est soumise, en ce qui concerne la pêche, à aucune réglementation, sauf pour le colportage des produits et la justification de leur provenance pendant le temps d'interdiction de la pêche.

L'acclimatation dans les eaux françaises, d'espèces étrangères, a été tentée, jusqu'à présent du moins, sans résultats très appréciables.

Une seule espèce, la truite arc-en-ciel (*salmo iridens*), originaire de la Californie, a été cultivée par nos pisciculteurs avec un certain succès.

Sans négliger les intéressantes expériences d'acclimatation, les efforts de l'Administration ont surtout été dirigés vers la multiplication des excellentes espèces indigènes qui peuplent nos eaux et dont le nombre des sujets peut être encore notablement accru au grand profit de la richesse nationale.

Des échantillons naturalisés représentent les espèces les plus répandues en France, savoir :

NOMS LATINS.	NOMS FRANÇAIS.
Perca fluviatilis.	Perche commune.
Perca.	Perche des Vosges (nom local : hurlin).
Accerina cernua.	Grémille commun (noms locaux : perche goujonnière, perche goujonnée, goujon perchat).
Perca asper.	Apron commun.
Cottus gobio.	Chabot de rivière (noms locaux : Séchot, linotte, godet, teste d'aze, bavard, chabaou).
Gasterosteus aculeatus.	Épinoche aiguillonnée.
Gasterosteus semi armatus.	Épinoche demi-armée.
Mugil capito.	Muge capiton.
Mugil cephalus.	Muge céphale (nom local : mulet ciphale).
Blennius sujeflanus.	Blennie caguette.
Lota vulgaris.	Lotte commune.
Cobitis barbatula.	Loche franche (noms locaux : barbotte, montelle, motenille, dormille).
Barbus fluviatilis.	Barbeau commun (noms locaux : barbue, barbo, coquillon).
Gobio fluviatilis.	Goujon de rivière (noms locaux : goeffon, goff).
Tinca vulgaris.	Tanche commune,
Cyprinus carpio.	Carpe commune.
Cyprinus speculum.	Carpe miroir.
Cyprinus auratus.	Poisson rouge.
Abramis brama.	Brême commune.
Alburnus lucidus.	Ablette commune (noms locaux : blanchet, blanchaille).
Alburnus mirandella.	Ablette mirandelle.
Leuciscus rutilus.	Gardon commun (noms locaux : noche ou rossette).
Leuciscus dobula.	Chevaine commune (noms locaux : juene, chabuisseau, charasson, cabot, chabot, barbotteau, botteau, garbotteau, vilain, têtard).

NOMS LATINS.	NOMS FRANÇAIS.
Squalius meridionalis.	Chevaine méridionale.
Squalius leuciscus.	Vaudoise commune (nom locaux : dard, carcille).
Squalius bearnensis.	Vaudoise Aubour.
Squalius burdigalensis.	Vaudoise bordelaise.
Phoxinus lœvis.	Véron commun (noms locaux : veiroum, verguole, arlequin).
Corregonus Lavaretus.	Corregone Lavaret.
Corregonus fera.	Corregone fera.
Thymallus vexillifer.	Ombre commune (nom local : ombré).
Osmerus sperlanus.	Éperlan commun (nom local : spirling).
Salmo saloelinus.	Omble chevalier.
Salmo salar.	Saumon commun.
Trutta argentea.	Truite de mer.
Trutta fario.	Truite commune.
Salmo iridens.	Truite arc-en-ciel.
Alosa vulgaris.	Alose commune.
Alosa finta.	Alose finte.
Esox lucius.	Brochet commun (noms locaux : bronchez, bronchet, brochetons).
Anguilla vulgaris.	Anguille commune.
Anguilla lartirostris.	Anguille à large bec.
Anguilla acutirontus.	Anguille à long bec.
Acipenser sturio.	Esturgeon commun.
Petromyzon marinus.	Lamproie marine.
Petromyzon Planeri.	Lamproie de Planer (noms locaux : sept-œil, sucet, lamproyon, civelli, chatouille).
Astacus pallipes.	Écrevisse commune.
Astacus (variété isabelle).	Écrevisse commune à différents âges.
Astacus ffuviatilis.	Écrevisse à pieds rouges.
	Grenouille rousse.
	Grenouille verte.
Rana æsculenta.	Grenouille renette (nom local : rainette).

On a réuni également les spécimens ci-après relatifs à l'anatomie des poissons :

1° Squelette de brochet ;
2° Squelette de perche ;

3° Squelette de carpe avec vessie natatoire ;
4° Anatomie de la perche ;
5° Système circulatoire du poisson ;
6° Anatomie de l'anodonte ;
7° Système circulatoire de l'anodonte ;
8° Système nerveux de l'anodonte ;
9° Anatomie de la sangsue.
10° Système nerveux de la sangsue ;
11° Anatomie de l'écrevisse ;
12° Système circulatoire de l'écrevisse ;
13° Anatomie de la grenouille ;
14° Système nerveux de la grenouille ;
15° Système circulatoire de la grenouille ;
16° Anatomie d'un annélide ;
17° Anatomie du hanneton.

Les objets se rapportant à la pêche et à la pisciculture comprennent :

Quatre plans en relief :
    Étang de la Dombe avec système de rigoles amenant le poisson à une pêcherie ;
    Étang lorrain avec système de rigoles amenant le poisson à la bonde ;
    Barrage à clayettes des étangs de la Haute-Somme ;
    Pêcherie avec gradins des étangs des Côtes-du-Nord ;

Un barrage réduit avec cinq modèles d'échelle à poissons : rigole inclinée, escalier ; système Mac-Donald. — Système Brackett. — Système Caméré ;
4 modèles d'échelle de différents systèmes de M. Carrière.
1 modèle réduit d'un établissement de pisciculture.
3 augettes d'incubation en porcelaine, système de M. de Sailly.
1 augette d'incubation en verre, système de M. Pison.
1 augette d'incubation en métal.
1 boîte à éclosion d'œufs de truite, envoi de M. Trombert (J.), à Bar-sur-Seine.
2 albums de photographies.

Les engins de pêche comportent :

1 embarcation avec vire Blanchard et Sarton simple, par M. Imbert, garde-pêche à Pont-Saint-Esprit.
1 embarcation avec « coup », par M. Imbert, garde-pêche à Pont-Saint-Esprit.

1 modèle Baro envoyé par M. Labarthe, Peyrehorade.
4 modèles de verveux.
1 modèle de tramail.
1 modèle de braye.
1 modèle d'araignée.
3 modèles de senne avec personnages.
2 modèles de carrelet avec personnages.
3 modèles d'épervier avec personnages.
4 modèles de trouble avec personnages.
1 nasse en osier.

La pêche à la ligne est représentée par les objets et ustensiles ci-après :

3 cannes françaises.
1 canne excelsior.
1 canne française rentrante.
1 canne hexagonale.
1 canne américaine télescopique.
1 canne arbalète.
2 moulinets.
1 paire de bagues.
1 gaffe à harponner.
17 lignes.
1 ligne dite «à grelot».
1 ligne dite «de fond».
1 trimer.
15 hameçons français à palettes.
12 hameçons français à crans.
12 hameçons français à palettes et à crans.
26 hameçons anglais à palettes.
26 hameçons anglais à anneaux.
47 hameçons irlandais.
54 hameçons irlandais à palettes.
14 hameçons irlandais à pointes.
16 hameçons irlandais doubles.
17 hameçons irlandais triples.
17 hameçons irlandais quadruples.
11 hameçons dits «italiens à palettes».
13 hameçons dits «vénuels à anneaux».
12 hameçons montés.

22 émerillons cuivre.

27 émerillons, balles et plombs.

11 bouchons et plumes.

69 mouches présidentes et anglaises.

20 insectes en caoutchouc.

1 douzaine de chaînettes.

1 monture pater noster.

1 hameçon irlandais triple n° 1.

6 hameçons irlandais doubles n° 1.

6 hameçons irlandais doubles n° 2.

25 crins de 45 centimètres.

3 paquets de crins de 30 centimètres.

1 paquet de crins ouvrés de 30 centimètres.

1 paquet de crins ouvrés de 40 centimètres.

1 paquet de crins ouvrés de 45 centimètres.

1 paquet de crins ouvrés de 50 centimètres.

1 bas de ligne.

1 bouchon de sonde.

3 olives anglaises.

1 plomb spécial.

1 pince.

1 pince à serrer les plombs.

1 rouet en cuivre.

1 lime.

1 pierre d'Amérique.

1 étui à hameçons.

1 pince dite «Brucelles».

1 pince à mouches.

1 paire de ciseaux.

1 étau pour faire les mouches.

1 tête de scion.

1 grenouille artificielle.

1 seau à poissons.

1 poisson.

1 poisson devon.

1 poisson spirale.

1 poisson cuillère.

1 poisson calédonien.

1 cuillère.

1 hélice.

1 cuillère Nordwich.

8.

1 poisson Cléopâtre 6 cent. 4/2.
1 cuillère Colorado.
1 monture Champion spinner 5 centimètres.
1 monture «the coxen spinner» 8 centimètres.
1 monture Ehmant.
1 monture Champion spinner.
1 monture Marston.
6 dégorgeoirs.
1 ciseau.
1 ciseau bâillon.
1 bouteille à mouches.
1 boîte à vers.
1 boîte à mouches.

Principaux engins employés en France pour la pêche fluviale.

Renseignements fournis par les agents et coordonnés, sous la direction de M. L. Daubrée, conseiller d'État, directeur des eaux et forêts, par M. de Bouville, garde général des eaux et forêts.

5° CHASSE.

L'application des lois et règlements sur la chasse et sur la destruction des animaux nuisibles a été placée dans les attributions du Ministère de l'agriculture par le décret du 24 février 1897 et rattachée à l'Administration des eaux et forêts.

La chasse est régie par la loi du 3 mai 1844, modifiée dans quelques détails par celles des 22 janvier 1874 et 16 février 1898; cette loi confère aux préfets, sous le contrôle du Ministre compétent, le pouvoir réglementaire en matière de police de la chasse.

Exercice du droit de chasse. — L'exercice du droit de chasse exige :

1° Que la chasse soit ouverte;

2° Que le chasseur ait un permis de chasse;

3° Qu'il soit propriétaire du terrain sur lequel il chasse, ou qu'il ait le consentement du propriétaire ou de ses ayants droit.

Cependant le propriétaire ou possesseur peut chasser en tout temps, sans permis de chasse, sur ses possessions attenant à une habitation et entourées d'une clôture continue faisant obstacle à toute communication avec les héritages voisins.

Ouverture et clôture de la chasse. — Le jour de l'ouverture et celui de la clôture de la chasse sont fixés chaque année par les préfets, qui prennent à cet effet des arrêtés distincts et les font publier au moins dix jours à l'avance.

Pour éviter les inconvénients de diverses sortes qui résulteraient d'une trop grande multiplicité de dates d'ouverture et de clôture, on a été amené à diviser le territoire en zones, suivant les analogies de cultures et de climats, dans chacune desquelles l'ouverture de la chasse à lieu à une date unique. Cette date, qui dépend du degré d'avancement des récoltes, varie du 15 août au 20 septembre. La clôture est fixée à un même jour pour tout le territoire.

Ce double principe a toujours été suivi depuis 1863.

La loi de 1874 a permis aux préfets de distinguer dans leurs arrêtés entre la chasse à tir et la chasse à courre et de fixer des périodes différentes pour l'exercice de ces modes de chasse.

En conséquence, la chasse à courre n'est généralement close que le 31 mars.

Depuis la loi de 1898, les préfets peuvent, sur l'avis du conseil général, restreindre la durée de la chasse à une espèce déterminée de gibier. Cette disposition a été appliquée à l'égard de la perdrix et du lièvre.

Permis de chasse. — Le permis de chasse, qui a remplacé l'ancien permis de port d'armes de chasse, est obligatoire pour tout chasseur, quels que soient les modes ou procédés de chasse qu'il emploie.

Les permis de chasse sont délivrés par les préfets ou sous-préfets sur l'avis du maire du domicile ou de la résidence du postulant. Ils sont valables pour tout la territoire de la République; ils donnent lieu au payement d'un droit de 28 francs, dont 18 francs au profit de l'État et 10 francs au profit de la commune.

La loi a établi des catégories d'incapacité ou d'indignité.

Le nombre des permis de chasse délivrés annuellement, qui était de 75,267 en 1844, de 160,000 en 1861, de 343,608 en 1873, dépasse actuellement 420,000, produisant 11,760,000 francs, dont 7,560,000 entrent dans les caisses de l'État.

Le 1890 à 1898, la moyenne des chasseurs a été de 10,9 pour 1000 habitants; elle n'était que 9.1 pendant la période de 1873 à 1889.

Modes et procédés de chasse. — La loi n'autorise que la chasse à tir, la chasse à courre et l'emploi des bourses et furets pour la capture du lapin. Tous les autres modes de chasse et tous les engins amenant par eux-mêmes la capture du gibier sont interdits pour la chasse du gibier sédentaire.

Oiseaux de passage. — Les préfets peuvent, sur l'avis des conseils généraux, autoriser des modes et procédés spéciaux pour la chasse des oiseaux de passage autres que la caille et fixer des époques spéciales pour la chasse des différentes espèces.

En vertu de ces dispositions, divers engins sont autorisés dans un certain nombre de départements :

L'alouette peut être capturée : au moyen du filet, dans 10 départements : du lacet, dans 17 départements; du trébuchet, dans 1 département.

La bécasse est chassée au filet dans 1 département.

L'étourneau, dans 2 départements.

Le ramier, la palombe, la tourterelle, dans 10 départements.

Les pluviers et les vanneaux, dans 11 départements.

Le canard sauvage, dans 2 départements.

La grive peut être chassée : au moyen du filet, dans 1 département; du lacet, dans 2 départements; du trébuchet, dans 6 départements : des gluaux, dans 4 départements; de pièges spéciaux, dans 1 département.

L'ortolan, au moyen du trébuchet (dit «matole»), dans 8 départements.

La chasse au poste avec appeaux est permise dans 8 départements.

Dans 49 départements, la chasse des oiseaux de passage n'est permise qu'au moyen du fusil.

Gibier d'eau. — Les préfets peuvent fixer le temps pendant lequel la chasse du gibier d'eau est autorisée dans les marais, sur les étangs, fleuves et rivières. Cette chasse est interdite d'une façon à peu près générale du 1ᵉʳ avril au 15 juillet. En dehors de la période d'ouverture générale, les chasseurs ne peuvent s'éloigner de plus de 20 mètres du bord de l'eau.

Protection des petits oiseaux. — En vertu des dispositions de la loi permettant aux préfets de prendre des arrêtés pour prévenir la destruction des oiseaux et favoriser leur repeuplement, sont interdits en tout temps la chasse, la capture, le colportage et la vente des rapaces nocturnes autres que le grand-duc, des pics de toutes espèces et des petits oiseaux d'une taille inférieure à celle de la caille ou de la grive, excepté l'alouette, l'ortolan, le becfigue et le motteux ou cul-blanc.

DESTRUCTION DES ANIMAUX NUISIBLES.

Le droit de destruction des animaux malfaisants ou nuisibles présente dans la pratique une grande analogie avec le droit de chasse dont il diffère cependant par son principe et les conditions de son exercice.

La loi reconnaît au propriétaire ou fermier le droit de repousser ou de détruire même avec les armes à feu, les bêtes fauves qui porteraient dommage à ses propriétés. Ce droit peut être exercé en tout temps, et sans permis de chasse, mais seulement en cas de dommage actuel ou imminent.

Indépendamment de tout dommage, le propriétaire peut aussi détruire sur ses terres les animaux classés nuisibles par l'arrêté préfectoral, mais seulement par les moyens et sous les conditions fixées par cet arrêté.

Seul, le préfet a qualité pour autoriser ou ordonner en tout temps la destruction des animaux nuisibles au moyen de battues. Ces battues sont exécutées sous le contrôle des agents des Eaux et Forêts, soit par les lieutenants de louveterie en vertu des ordonnances des 15 et 20 août 1814, soit dans les conditions fixées par l'arrêté du 19 pluviose an v. Elles ne peuvent avoir pour objet des animaux ayant le caractère de gibier proprement dit.

En outre, les maires ont la faculté d'organiser, avec le consentement du détenteur du droit de chasse, des battues dans les bois et forêts pour la destruction de toutes les espèces d'animaux classés nuisibles dans le département. Ils peuvent même, après une mise en demeure préalable restée sans effet, procéder d'office à la destruction des loups et sangliers en temps de neige.

Loups. — La loi du 3 août 1882 a, pour encourager la destruction des loups, institué des primes variant de 40 à 200 francs par tête d'animal tué, suivant l'âge, le sexe et les circonstances de la destruction.

Le nombre des loups pour la destruction desquels il a été alloué des primes était : en 1883 de 1308, en 1884 de 1035, en 1890 de 461, en 1897 de 189.

Depuis la loi de 1882, aucun loup n'a été tué dans 20 départements y compris la Corse; dans 9 départements, il n'a été tué qu'un seul loup; par contre, il en a été détruit de 40 à 60 en en moyenne par an dans 3 départements, et plus de 60 dans un département, la Dordogne.

C'est dans ce département et dans les parties voisines de la Haute-Vienne et de la Charente que l'on trouve encore des loups en quantité appréciable ; on en rencontre aussi assez fréquemment dans la Meurthe-et-Moselle et dans la Meuse, où ils viennent d'Allemagne. Dans le reste de la France ils sont devenus très rares.

Le Service de la chasse est rattaché depuis trop peu de temps au Ministère de l'Agriculture pour que l'Administration des Eaux et Forêts puisse présenter au public des documents intéressants sur l'exploitation de la chasse, qui ne rentre d'ailleurs qu'exceptionnellement dans ses attributions. Elle s'est donc bornée à rassembler des spécimens de la faune française et à donner quelques renseignements statistiques relatifs à la distribution des différentes espèces de gibier sur l'ensemble du territoire, au nombre des permis de chasse délivrés, etc.

Cinq cartes murales, dressées par MM. Millet et Arnould, indiquent la répartition en France, par département, du faisan, de la perdrix, du lièvre, du cerf et du chevreuil.

Un atlas cynégétique par les mêmes auteurs, donne : 1° la distribution de principales espèces dans les divers départements ; 2° le nombre des permis de chasse délivrés à différentes époques ; 3° le chiffre des loups tués depuis la promulgation de la loi du 3 août 1882.

Une étude de M. Arnould concernant les oiseaux utiles à l'agriculture fait connaître les mesures internationales de protection qu'il conviendrait de prendre à leur égard.

Différents groupes d'animaux représentent les espèces de gibier les plus répandues, ainsi que leurs principaux destructeurs.

GROUPES D'ANIMAUX.

NOMS LATINS.	NOMS FRANÇAIS.

N° 1.

Cervus elaphus.	Cerf commun et sa biche.

N° 2.

Destructeurs des lapins.

Taxus mëlus.	Blaireau défonçant une rabouillère.
Putorius infecta.	Putois.
Lepus cuniculus.	Lapin.

N° 3.

Destructeurs des lapins.

Canis vulpes.	Renard guettant un lapin au terrier.
Putorius erminea.	Hermine saignant un lapin.
Mustela foina.	Fouine.
Lepus cuniculus.	Lapin.

N° 4.

Capra Hec.	Bouquetin des Alpes.
Sus scrofa.	Sanglier.

N° 5.

	Chiens courants anglo-français.
Canis vulpes.	Renarde apportant une poule à ses petits.

N° 6.

Cervus capreolus.	Chevreuil et chevrette au réveil.

N° 7.

Sus scrofa.	Combat de sangliers.

NOMS LATINS.	NOMS FRANÇAIS

N° 8.

Erinaceus europœus.	Hérisson.
Arctomys marmota.	Marmotte.

N° 9.

Ovis musimon.	Mouflon.
Ursus arctos.	Ours brun.

N° 10.

Antilope rupicapra.	Chamois.
Felis Catus.	Chat sauvage.

N° 11.

Canis Lupus.	Loup commun.

N° 12.

Sus scrofa.	Sanglier se levant.

N° 13.

Destructeurs des poissons.

Lutravulgaris.	Loutre commune.
Arvicola-Amphibius.	Rats d'eau.
Sorex fodiens.	Musaraigne d'eau.
Ardea cinerea.	Héron cendré.
Botaurus stellaris.	Butor étoilé.
Alcedo Ispida.	Martins pêcheurs.
Circus ærieginosus.	Busard de marais (jeune).

N° 14.

Oisaaux des forêts résineuses.

Tetrao uragallus.	Grand coq de bruyère et sa femelle.
— intermedius.	Coq de bruyère intermédiaire.
- tetrix.	Tétras à queue fourchue.
Lagopus mutus.	Lagopède des neiges.
Bonassia vulgaris.	Gélinottes.
Turdus torquatus.	Merle à plastron.

<table>
<tr><td></td><td></td></tr>
</table>

N° 15.

Oiseaux des forêts feuillues.

Phasianus colchicus.	Faisan et sa poule.
Perdrix rubra.	Perdrix rouge.
Scolopax rusticola.	Bécasse.
Turdus viscivorus.	Grive draine
— musicus.	— musicienne.
— iliacus.	— mauvis.
— pilaris.	— litorne.
— merula.	Merle commun.
Turtur auritus.	Tourterelle.
Garrulus glandivorus.	Geai.

N° 16.

Rapaces.

Néophron percnopterus.	Vautour dépeçant un mouton.
Falco peregrinus.	Faucon pèlerin.
— subbuteo.	— hobereau.
— lithofalco.	— émerillon.
Astur palumbarius.	Autour ordinaire (mâle).
Milanus niger.	Milan noir.
Circus cineraceus.	Busard cendré.
— cyaneus.	— Saint-Martin.
Circaetus gallicus.	Circaète Jean-le-Blanc.

N° 17.

Oiseaux d'eau.

Pluvialis aureus.	Pluvier doré.
— marinellus.	— guignard.
— fluviatilis.	Petit pluvier à collier.
Vanellus cristatus.	Vanneau huppé.
Rallus aquaticus.	Râle d'eau.
— marnetta.	— marouette.
— Baillonni.	— de Baillon.
Gallinula chloropus.	Poule d'eau.
Fulica atra.	Foulque noire.
Gallinago major.	Grande bécassine.

NOMS LATINS.	NOMS FRANÇAIS.
Totanus griseus.	Chevallier chasseur.
— octropus.	— cul blanc.
— canutus.	Bécasseau maubèche.
Himantopus candidus.	Échasse blanche.
Recunriostra avocetta.	Avocette.
Phœnicopterus roseus.	Flamand rose.
Spatula clypeata.	Souchet.
Tadorna Bellonii.	Tadorne.
Querquedula circia.	Sarcelle d'été.
Aidemia nigra.	Macreuse noire.
— perspicillata.	— à lunettes.
Fuliguna ferina.	Mélouin.
Auser cinereus.	Oie sauvage.
Podiceps fluviatilis.	Grèbe castagneuse.
Alcedo ispida.	Martin pêcheur.

N° 18.

Oiseaux de plaine.

Otis barbata.	Grande outarde.
Otis tetrax.	Outarde Canepetière.
Phasianus argenteus.	Faisan argenté.
— ammerstis.	— de Lady Ammerst.
Numenius phæopus.	Courlis Corlieu.
Sterna cinerea.	Perdrix grise mâle, femelle et leurs petits.
Perdrix petrosa.	Perdrix de roche.
Alauda arvensis.	Alouette commune.
— calendra.	— Calandre.
— cristata.	— cochevis.
— arborea.	— lulu.
Coturnia communis.	Caille.
Rallus pratensis.	Râle des prés.

N° 19.

Circus rufus.	Busard harpaye déchiquetant un étourneau.

N° 20.

Halietus albicilla.	Pygargues.

NOMS LATINS.	NOMS FRANÇAIS.

N° 21.

| Ascipiter nisus. | Éperviers se battant pour une proie. |

N° 22.

| Astur palumbarius. | Autour ordinaire (femelle jeune). |
| Milanus communis. | Milan commun. |

Animaux divers et têtes d'animaux :

Têtes de cerfs et biche, de sanglier de chevreuil et chevrette, de loup, de mouflon, de bouqueton, de chamois.

NOMS LATINS.	NOMS FRANÇAIS.
Lepus timidus.	Lièvre.
	Écureuils déchiquetant un âne.
Picus viridis et major.	Pics-verts et épèche sur une branche.
Tetrao tetrea.	Petit tetras.
Mustela martes.	Marte commune.
Putorius herminea.	Hermine.

CATALOGUE DES OEUFS.

GENRES.	NOMS LATINS.	NOMS FRANÇAIS.
	RAPACES DIVERS.	
Vautours......	Vultur monachus.	Vautour moine.
	Gyps fulvus.	Vautour fauve.
	Neophron percnopterus.	Vautour blanc (catharte).
	Gypaëtus barbatus.	Gypaëte barbu.
Aigles et Cir-caetes......	Aquila chrysaëtus.	Aigle doré.
	Aquila melanaëtus.	//
	Aquila orientalis.	//
	Aquila clanga.	Aigle criard.
	Aquila maculata.	Aigle tacheté.
	Nisaëtus fasciatus.	Aigle à queue barrée.
	Nisaëtus pennatus.	Aigle botté.
	Circaetus gallicus.	Circaëte jean le blanc.
Pygargue......	Halicaëtus albicillus.	Pygargue ordinaire.
Buses........	Buteo ferox.	Buse albicaude.
	Buteo desertorum.	Buse des déserts.
	Archibuteo lagopus.	Archibuse pattue.
	Pernis apivorus.	Bondrée apivore.
	Buteo vulgaris.	Buse vulgaire.
Milan........	Milvus ictinus.	//
Faucons......	Hierofalco candicans*.	Faucon Gerfaux.
	Hierofalco gyrfalco**.	Faucon Gerfaux.
	Falco peregrinus.	Faucon pélerin.
	Falco sacer.	Faucon sacre.
	Falco jugger.	//
	Falco subbuteo.	Faucon hobereau.
	Falco eleonorae.	Faucon d'Éléonore.
	Cerchneis cenchris.	Faucon cresserine.
	Cerchneis vespertinus.	Faucon Kobez.

* Islande.
** Norvège.

GENRES.	NOMS LATINS.	NOMS FRANÇAIS.
FAUCONS (*Suite*).	Falco tinnunculus.	Faucon crésserelle.
AUTOUR.	Astur palumbarius.	Autour ordinaire.
BUSARDS.	Circus pygargus.	//
	Circus macrurus.	Busard blâfard.
	Circus aeruginosus.	Busard harpaye.
	Circus cyaneus.	Busard Saint-Martin.

RAPACES NOCTURNES.

GENRES.	NOMS LATINS.	NOMS FRANÇAIS.
CHEVÈCHE.	Athene noctua.	Chouette chevêche.
CHOUETTES.	Surnia ulula.	Chouette hulotte.
	Asio accipitrinus.	Chouette épervière.
HULOTTES.	Syrnium lapponicum.	Chouette laponne.
	Syrnium lapponicum.	Chouette de l'Oural.
EFFRAYE.	Nyctale tengmalmi.	Chouette tengmalm.
	Strix flammea.	Chouette effraye.
GRAND DUC	Bubo ignavus.	//
MOYEN DUC. . . .	Otus vulgaris.	Hibou moyen Duc.
PETIT DUC.	Scops giu.	Petit Duc.

GRIMPEURS.

GENRES.	NOMS LATINS.	NOMS FRANÇAIS.
PICS	Picus viridis.	Pic vert.
	Picus major.	Pic épeiche.
	Dryocopus martius.	Pic noir.
	Gecinus canus.	Pic cendré.
	Dendrocopus minor.	Pic épeichette.
	Dendrocopus leuconotus.	Pic leuconote.
	Dendrocopus medius.	Pic mar.
	Picoïdes tridactylus.	Pic tridactyle.
TORCOLS.	Yunx torquilla.	Torcol.
COUCOU	Coccystes glandarius.	Coucou glandivore.
	Cuculus canorus.	Coucou gris (chanteur).

SYNDACTYLES.

GENRES.	NOMS LATINS.	NOMS FRANÇAIS.
ROLLIER.	Coracias garrulus.	Rollier.
MARTIN-PÊCHEUR.	Alcedo ispida.	Martin-pêcheur.

GENRES.	NOMS LATINS.	NOMS FRANÇAIS.
	PASSEREAUX.	
Huppe........	Merops apiaster.	Guêpier vulgaire.
Grimpereau....	Certhia familiaris.	Grimpereau familier.
Sittelles......	Sitta europaea.	Sittelle d'Europe.
	Sitta neumeyeri.	"
Martinet......	Micropus melba.	Martinet alpestre.
Engoulevents...	Caprimulgus europaeus.	Engoulevent d'Europe.
	Caprimulgus ruficollis.	Engoulevent à collier.
Rossignol......	Lusciola luscinia.	Rossignol philomèle.
Gorges bleues..	Cyanecula succica.	Gorge-bleu suédoise.
	Cyanecula leucocyana.	Rouge-gorge bleu.
Rouges queues..	Ruticilla phœnicura.	Rouge queue de muraille.
	Ruticilla tithys.	Rouge queue tithys.
	Dandalus rubecula.	Rouge-gorge familier.
Monticoles....	Monticola saxatilis.	Monticole de roche.
	Monticola cyanus.	Monticole bleu.
Traquets......	Saxicola œnanthe.	Traquet motteux.
	Pratincola rubetra.	Tarier vulgaire.
	Pratincola rubicola.	Pratincole rubicole.
	Dromolaea leucura.	Traquet rieur.
	Saxicola stapazina.	Traquet stapazin.
	Saxicola aurita.	Traquet oreillard.
Accenteur.....	Accentor modulans.	Mouchet chanteur.
Fauvettes.....	Sylvia atricapilla.	Fauvette à tête noire.
	Sylvia curruca.	Fauvette babillarde.
	Sylvia cinerea.	Fauvette cendrée.
	Sylvia hortensis.	Fauvette des jardins.
	Sylvia rufa.	Fauvette grisette.
	Sylvia orpheus.	Fauvette orphée.
	Sylvia conspicillata.	Fauvette à lunettes.
	Sylvia subalpina.	Fauvette passérinette.
	Hypolais philomela.	Hypolais vulgaire.
	Hypolais polyglotta.	Fauvette polyglotte.
	Hypolais olivetorum.	Fauvette des oliviers.
	Hypolais opaca.	"
	Pyrophthalma melanoceiph.	Fauvette mélanocéphale.

GENRES.	NOMS LATINS.	NOMS FRANÇAIS.
	Melizophilus provincialis.	Fauvette pitchou.
	Acrocephalus turdoïdes.	Roussolle turdoïde.
	Acrocephalus arundinaceus.	Phragmite des roscaux.
	Acrocephalus phragmitis.	Phragmite des joncs.
	Acrocephalus aquaticus.	Rousserolle aquatique.
	Acrocephalus schœnobaenus	Rousserolle phragmite.
FAUVETTES.....	Acrocephalus streperus.	″
(*Suite.*)	Aëdon galactodes.	Rousserolle rubigineuse.
	Locustella luscinioides.	Rousserolle locustelle.
	Locustella naevia.	Locustelle tachetée.
	Lusciniola melanopogon.	Rousserolle à moustaches noires.
	Cisticola cursitans.	Rousserolle cisticole.
	Cettia Cetti.	Rousserolle Bouscarle.
	Phyllopneuse rufa.	Pouillot roux (pouillot véloce).
POUILLOTS	Phyllopneuse sibilatrix.	Pouillot siffleur.
	Phylloscopus bonellii.	Pouillot de Bonelli.
	Phylloscopus trochilus.	Pouillot fitis.
ROITELET......	Regulus ignicapillus.	Roitelet à triple bandeau.
	Parus major.	Mésange charbonnière.
	Parus ater.	Mésange noire.
	Parus cœruleus.	Mésange bleue.
	Parus cristatus.	Mésange huppée (Lophopham).
	Parus caudatus.	Mésange à longue queue (orite).
MÉSANGES......	Periparus ater.	Mésange petite charbonnière.
	Poecille cincta.	″
	Poecille lugubris.	Mésange lugubre.
	Poecille palustris.	Mésange des marais.
	Poecille fruticeti.	Mésange nonnette.
	Aegithalus pendulinus (Parus pendulinus).	Mésange remiz ou de Lithuanie.
PIES-GRIÈCHES ..	Lanius minor.	Pie-grièche d'Italie.
	Lanius rufus.	Pie-grièche (Ennévetone) rousse.

GENRE.	NOMS LATINS.	NOMS FRANÇAIS.
PIES-GRIÈCHES.. (Suite.)	Lanius collurio.	Pie-grièche écorcheur.
	Lanius excubitor.	Pie-grièche grise.
	Lanius senator.	Pie-grièche rousse.
	Lanius nubicus.	Pie-grièche masquée.
GOBE-MOUCHE ...	Muscicapa luctuosa.	Gobe-mouches.
	Muscicapa grisola.	Gobe-mouches gris (Butalis gris).
	Muscicapa atricapilla.	Gobe-mouches noir.
	Muscicapa collaris.	Gobe-mouches à collier.
	Erythrosterna parva.	Gobe-mouches à poitrine rouge.
HIRONDELLES ...	Hirundo riparia.	Hirondelle de rivière.
	Hirundo urbica.	Hirondelle de fenêtre.
	Hirundo rustica.	Hirondelle de cheminée.
LORIOT	Oriolus galbula.	Loriot vulgaire.
MERLES ET GRIVES.	Turdus viscivorus.	Grive draine.
	Turdus iliacus.	Grive mauvis.
	Turdus pilaris.	Grive litorne.
	Merula torquata.	Merle à plastron.
	Turdus merula.	Merle noir.
	Turdus musicus.	Grive musicienne.
BERGERONNETTES .	Motacilla alba.	Hoche-queue gris (Bergeronnette grise).
	Motacilla sulphurea.	Bergeronnette des montagnes (Boarule).
	Motacilla lugubris.	Bergeronnette lugubre.
	Motacilla melanope.	"
	Budytes flavus.	Bergeronnette jaune.
	Budytes borealis.	Bergeronnette.
	Budytes cinereocapillus.	Bergeronnette à tête cendrée.
	Budytes melanocephalus.	Bergeronnette à tête noire.
ALOUETTES	Alauda cristata.	Cochevis (alouette huppée).
	Alauda arvensis.	Alouette des champs.
	Alauda arborea.	Alouette lulu.
	Calandrella brachydactyla.	Alouette calandrelle.
	Melanocorypha calandra.	Alouette calandre.
	Melanocorypha sibirica.	Alouette de Sibérie.
	Otocorys alpestris.	Alouette alpestre.

GENRE.	NOMS LATINS.	NOMS FRANÇAIS.
Pipis.........	Anthus pratensis.	Pipi des prés.
	Anthus arboreus	Pipi des arbres.
	Anthus trivalis.	ʺ
	Anthus campestris.	Pipi champêtre.
	Anthus spinoletta.	Pipi spioncelle.
Moineaux.....	Passer domesticus.	Moineau domestique.
	Passer montanus	Moineau friquet.
	Petronia stulta.	Moineau soulcie.
	Passer Italiae.	Moineau cisalpin.
	Passer Hispaniolensis.	Moineau espagnol.
Bouvreuils....	Pyrrhula rubicilla.	Bouvreuil ponceau.
	Pyrrhula europaea.	Bouvreuil ordinaire.
Roselier......	Carpodacus erythrynus.	Bouvreuil cramoisi.
Dur bec.......	Pinicola enucleator.	Bouvreuil Dur-bec.
Bec croisé....	Loxia curvirostra.	Bec croisé ordinaire.
	Loxia pityopsittacus.	Bec croisé perroquet.
Gros bec......	Coccothraustes vulgaris.	Gros-bec commun.
Pinsons.......	Fringilla cœlebs.	Pinson ordinaire.
	Fringilla montifringilla.	Pinson d'Ardennes.
Verdier......	Fringilla chloris.	Fringille Verdier.
Niverolle.....	Montifringilla nivalis.	Niverolle des neiges.
Chardonneret..	Carduelis elegans.	Chardonneret élégant.
Tarriens......	Chrysomitris citrinella.	Venturon.
	Chrysomitris spinus.	Tarin.
Linottes......	Fringilla cannabina.	Fringille linotte.
	Linota flavirostris.	Fringille à bec jaune.
	Linota cannabina.	Linotte ordinaire.
	Linota linaria.	Linotte sizerine.
	Linota Holboelli.	Fringille d'Holbœll.
	Linota rufescens.	Sizerin.
	Linota exilipes.	ʺ
Bruants......	Emberiza miliaria.	Bruant proyer.
	Emberiza citrinella.	Bruant jaune.
	Emberiza melanocephala ou Euspiza melanocephala.	Passerine mélanocéphale ou Roi des Ortolans.
	Serinus hortulanus.	Ortolan.
	Emberiza caesia.	ʺ

GENRE.	NOMS LATINS.	NOMS FRANÇAIS.
Bruants.	Fringillaria cirlus.	Bruant zizi.
(Suite.)	Fringillaria cia.	Bruant fou.
Plectrophanes. .	Plectrophanes laponicus.	Bruant de Laponie.
	Plectrophanes nivalis.	Bruant des neiges.
Étourneau.	Sturnus vulgaris.	Étourneau vulgaire.
Martin.	Pastor roseus.	Martin roselin.
Corbeaux	Corvus monedula.	Corneille d'église (choucas).
	Corvus corone.	Corbeau-corneille ou corneille noire.
	Corvus cornix.	Corneille mantelée.
	Corvus frugilegus.	Corbeau freux.
	Corvus corone.	Corneille noire.
	Pyrrhocorax graculus.	Pyrrhocorax grave.
	Pyrrhocorax alpinus.	Pyrrhocorax chocard.
Casse-noix. . . .	Nucifraga caryocatactes.	Casse-noix vulgaire.
Pie	Pica caudata.	Pie vulgaire.
Geais	Garrulus glandarius.	Geai glandivore.
	Perisoreus infaustus.	Geai imitateur.
	Cyanopica Cooki.	//
Pigeons	Columba palumbus.	Palombre à collier ou Ramier.
	Columba venas.	Pigeon colombin ou bleu.
	Columba auritus.	Tourterelle commune.
	Columba livia.	Pigeon biset.
	Columba nisoria.	Colombe à collier.
Lagopède et Tétras.	Lagopus alpinus.	Lagopède des Alpes (Perdrix blanche).
	Tetrao tetrix (Lyrurus tetrix).	Lyrure des bouleaux (Tétras lyre).
	Pterocles arenarius.	Ganga unibande.
	Lagopus Scoticus.	Lagopède d'Écosse.
	Lagopus albus.	Lagopède subalpin.
Gélinotte	Bonasa bonasia.	Gélinotte.
Francolin	Francolinus vulgaris.	Francolin vulgaire.
Faisan	Phasianus Colchicus.	Faisan de Colchide.
Dindon	Meleagris gallopavo.	Dindon vulgaire.
Pintade.	Numida meleagris.	Pintade commune.
Perdrix	Starna cinerea.	Perdrix grise.

GENRES.	NOMS LATINS.	NOMS FRANÇAIS.
PERDRIX........ (*Suite.*)	Caccabis saxatilis.	Bartavelle.
	Caccabis saxatilis chukar.	Perdrix chukar.
	Caccabis rufa.	Perdrix rouge.
	Caccabis Petrosa.	Perdrix gambra.

OISEAUX D'EAU.

GENRES.	NOMS LATINS.	NOMS FRANÇAIS.
RÂLES........	Rallus aquaticus.	Râle d'eau.
	Porzana intermedia.	Râle marouette.
	Porzana pusilla.	Râle poussin.
POULE D'EAU....	Gallinula chloropus.	Poule d'eau ordinaire.
FOULQUE......	Fulica atra.	Foulque noire (Morelle).
HÉRONS........	Ardea purpurea.	Héron pourpré.
	Ardea alba.	Aigrette blanche.
	Ardea garzetta.	Héron garzette.
BLONGIOS......	Ardetta minuta.	Blongios.
BUTOR........	Botaurus stellaris.	Butor étoilé.
BIHOREAU......	Nycticorax griseus.	Bihoreau.
CRABIER.......	Ardea ralloides.	Crabier chevelu.
SPATULE.......	Platalea leucorodia.	Spatule blanche.
CIGOGNE.......	Ciconia nigra.	Cigogne noire.
GRUES........	Grus communis.	Grue commune.
	Anthropoides virgo.	Grue de Numidie.
FALCINELLES....	Plegadis falcinellus.	Ibis falcinelle.
	Falcinellus igneus.	Falcinelle éclatant.
FLAMANT.......	Phœnicopterus roseus.	Flamant rose.
GARDE-BOEUF....	Ardea ibis.	Garde-bœuf ibis.
PLUVIERS......	Charadrius pluvialis.	Pluvier doré.
	Aegialites hiaticula ou charadrius hiaticulus.	Grand pluvier à collier.
	Aegialites curonicus.	"
	Eudromias morinellus.	Guignard.
	Aegialites minor.	Petit pluvier à collier.
VANNEAUX......	Chettusia gregaria.	Vanneau suisse.
	Vanellus cristatus.	Vanneau huppé.
TOURNE-PIERRE..	Arenaria interpres.	Tournepierre.
COURVITE......	Cursorius gallicus.	Courvite gaulois.

GENRES.	NOMS LATINS.	NOMS FRANÇAIS.
OEdienemus	OEdicnemus scolopax.	OEdicnème criard.
Glaréoles.....	Glareola pratincola.	Glaréole (perdrix de mer).
	Glareola melanoptera.	Glaréole de Nordmann.
Corlieu.......	Numenius phaeopus.	Corlieu (Livergin).
Barges........	Limosa aegocephala.	Grande barge.
	Terekia cinerea.	Barge de Tereck.
Bécasses, Bécassines.	Gallinago major.	Double bécassine.
	Gallinago caelestis.	Bécassine ordinaire.
	Gallinago gallinula.	Bécassine sourde.
Bécasseaux	Tringa maritima.	Maubèche maritime.
	Tringa alpina.	//
	Tringa temmincki.	Bécasseau de Temminck.
	Limicola platyrhyncha.	Bécasseau platyrrhinque.
Chevaliers.....	Totanus littoreus.	//
	Totanus fuscus.	Chevalier arlequin.
	Totanus glareola.	Chevalier sylvain.
	Totanus ochropus.	Chevalier cul blanc.
	Totanus stagnatilis.	Chevalier des étangs.
	Actitis hypoleucus.	Guignette vulgaire.
	Actitis hypoleucos.	Guignette vulgaire.
Phalaropes....	Phalaropus hyperboreus.	Phalarope hyperboré.
	Phalaropus fulicarius.	Phalarope dentelé.
Avocette......	Recurvirostra avocetta.	Avocette récurvirostre.
Échasse.......	Himantopus candidus.	Échasse blanche.
Cygnes........	Cygnus musicus.	Cygne sauvage.
	Cygnus olor.	Cygne à bec tuberculeux.
	Cygnopsis cygnoides.	//
Oies..........	Anser ferus.	Oie sauvage.
	Anser albifrons.	Oie rieuse.
	Anser erythropus.	Oie naine.
	Anser segetum.	Oie des moissons.
	Anser arvensis.	//
	Anser cinereus.	Oie cendrée.
Canards.......	Anas crecca.	Sarcelle d'hiver.
	Anas querquedula.	Sarcelle d'été.
	Anas boschas.	Canard sauvage (col vert).
	Tadorna cornuta.	Tadorne de Belon.

GENRES.	NOMS LATINS.	NOMS FRANÇAIS.
Canards....... (Suite).	Tadorna casarca.	Tadorne Kasarka.
	Chaulelasmus streperus.	Chipeau bruyant.
	Mareca penelope.	Vingeon.
	Dafila acuta.	Pilet acuticaude.
	Spatula clypeata.	Souchet.
	Marmaronetta angustirostris.	"
Fuligules	Fuligula rufina.	Sippleur huppé.
	Fuligula ferina.	Milouin.
	Fuligula nyroca.	Fuligule nyroca.
	Fuligula marila.	Milouinan.
	Fuligula cristata.	Morillon.
	Clangula glaucion.	Garrot vulgaire.
	Clangula islandica.	Garrot d'Islande.
	Harelda glacialis.	Fuligule miquelonnaise.
	Cosmonetta histrionica.	Garrot histrion.
	Oidemia nigra.	Macreuse ordinaire.
	Oidemia fusca.	Double macreuse.
	Somateria spectabilis.	Cider à tête grise.
Harle.........	Mergus merganser.	Harle bièvre.
Grèbes........	Podiceps griseigena.	Grèbe jougris.
	Podiceps auritus.	Grèbe esclavon.
	Podiceps nigricollis.	Grèbe à cou noir.
	Podiceps fluviatilis.	Grèbe castagneux.
	Podiceps minor.	Grèbe castagneuse.
Plongeons.....	Colymbus glacialis.	Plongeon imbrin.
	Colymbus arcticus.	Plongeon lumme.
	Colymbus septentrionalis.	Cat marin.
Guillemot.....	Uria arra.	Guillemot gros bec.
	Uria rhingvia.	Guillemot bridé.
	Cepphus grylle.	Guillemot à miroir.
Pingouin	Alca torda.	Pingouin macroptère.
Macareux	Fratercula arctica.	Macareux arctique.
Mergule	Mergulus alle.	Mergule nain.
Labbes........	Stercorarius catarrhactes.	Labbe cataracte.
	Stercorarius parasiticus.	Labbe parasite.
	Stercorarius longicauda.	Labbe à longue queue.

GENRES.	NOMS LATINS.	NOMS FRANÇAIS.
MOUETTES ET GOÉLANDS.	Larus minutus.	Mouette pygmée.
	Larus ichthyaëtus.	//
	Larus melanocephalus.	Mouette à tête noire.
	Larus gelastes.	Goéland railleur.
	Larus marinus.	Goéland à manteau noir.
	Larus fuscus.	Goéland brun.
	Larus cachinnans.	//
	Larus canus.	Goéland cendré.
	Larus glaucus.	Goéand bourgmestre.
	Larus leucopterus.	Goéland à ailes blanches.
	Rissa tridactyla.	Mouette tridactyle.
	Xema ridibundum.	Mouette rieuse.
STERNES	Sterna caspia.	Sterne tschegrava.
	Sterna macrura.	Sterne à longue queue.
	Sterna cantiaca.	Sterne cangeck.
	Sterna minuta.	Sterne naine ou petite hirondelle de mer.
	Sterna nigra.	Sterne épouvantail.
	Sterna anglica.	Sterne Hausel.
GUIFFETTES	Hydrochelidon leucoptera.	Guiffette leucoptère.
	Hydrochelidon hybrida.	Guiffette hybride.
THALASSIDROMES .	Procellaria pelagica.	Thalassidrome-tempête.
	Oceanodroma leucorrhoa.	Thalassidrome cul blanc.
PUFFINS	Puffinus cinereus.	Puffin cendré.
	Puffinus anglorum.	Puffin des Anglais.
	Puffinus yelkuan.	Puffin yelkouan.
FOU	Sula bassana.	Fou de bassan.
CORMORANS	Phalacrocorax graculus.	Cormoran huppé.
	Phalacrocorax pygmaeus.	Cormoran pygmée.
PÉLICAN	Mergus merganser.	Pélican blanc.

CATALOGUE DES NIDS.

GENRES.	NOMS LATINS.	NOMS FRANÇAIS.
GEAI	Garulus glandarius *.	Geai glandivore.
GRIMPEREAU	Certhia familiaris.	Grimpereau familier.
MONTICOLE	Monticola saxatilis **.	Pétrocincle de roche.
ROSSIGNOLS	Lusciola luscinia.	Rossignol Philomèle.
	Lusciniola melanopogon **.	Annicole à moustaches noires.
ROUGES-QUEUES . .	Ruticilla titis **.	Rubiette rouge-queue.
	Ruticilla phœnicura ***	Rossignol de muraille.
	Erythaceus rubecula.	Rouge-gorge.
TRAQUETS	Saxicola venanthe.	Traquet motteux.
	Saxicola leucura.	Traquet rieur.
	Saxicola saltator.	//
	Saxicola stapazina.	Traquet stapazin.
FAUVETTES	Sylva hortensis.	Fauvette des jardins.
	Sylvia cinerea *.	Fauvette grisette.
	Sylvia curruca *.	Fauvette babillarde.
	Sylvia atricapilla.	Fauvette à tête noire.
	Sylvia orphea.	Fauvette orphée.
	Sylvia nisoria **.	Babillarde épervière.
	Hypolaïs vulgaris.	Hypolaïs contrefaisant.
	Hypolaïs pallida.	//
	Hypolaïs polyglotta **.	Fauvette polyglotte.
	Hypolaïs olivetorum **.	Fauvette des oliviers.
	Calamoherpe strepera.	//
	Calamoherpe palustris ****.	Rousserolle verderolle.
	Calamoherpe phragmitis.	Phragmite des joncs.
	Calamoherpe melanopogon.	Rousserolle à moustaches noires.

* Nid et œufs. intérieur du nid.

** Nid et œufs.

*** 2 nids et œufs.

**** 2 nids.

GENRES.	NOMS LATINS.	NOMS FRANÇAIS.
FAUVETTES (Suite.)	Aëdon galactodes*.	Rousserolle rubigineuse.
	Acrocephalus turdoides.	Rousserolle turdoïde.
	Cisticola schœnicola.	*u*
	Locustella luscinioides*.	Lusciniole luscinioïde.
POUILLOTS	Phylloscopus sibilator*.	Pouillot siffleur.
	Phylloscopus rufus*.	Pouillot véloce.
	Phylloscopus fitis*.	Pouillot fitis.
ROITELETS	Regulus ignicapillus.	Roitelet à triple bandeau.
	Regulus flavicapillus.	Roitelet huppé.
TROGLODYTE	Troglodytes parvulus.	Troglodytes mignon.
MÉSANGES	Parus major.	Mésange charbonnière.
	Parus cœruleus.	Mésange bleue.
	Parus pendulinus.	Mésange remiz.
	Parus caudatus.	Mésange à longue queue.
	Parus cristatus.	Mésange huppée.
	Parus ater.	Mésange noire.
	Parus borealis.	Mésange boréale.
	Acredula caudanta*.	Orite longicaude.
PIES-GRIÈCHES	Lanius collurio.	Pie-grièche écorcheur.
	Lanius minor**.	Pie-grièche d'Italie.
	Lanius excubitor.	Pie-grièche grise.
GOBE-MOUCHES	Muscicapa parva.	Gobe-mouche à poitrine rouge.
	Butalis grisola.	Gobe-mouche gris.
HIRONDELLE	Hirundo rustica.	Hirondelle de cheminée.
GRIVES	Turdus merula*.	Merle noir.
	Turdus musicus.	Grive musicienne.
	Turdus viscivorus.	Grive draine ou viscivore.
LORIOT	Oriolus galbula.	Loriot vulgaire.
LAVANDIÈRES et BERGERONNETTES.	Motacilla flava*.	Bergeronnette printanière.
	Motacilla sulphurea*.	Bergeronnette baarule.
	Motacilla alba.	Hochequeue gris (Bergeronnette grise).

* Nid et œufs.

** 2 nids et œufs.

GENRES.	NOMS LATINS.	NOMS FRANÇAIS.
ALOUETTES.....	Alauda arvensis.	Alouette des champs.
	Alauda cristata *.	Cochevis huppé.
PIPIS.........	Anthus cervinus.	Pipi à gorge rousse.
	Anthus campestris *.	Pipi des champs.
MOINEAUX......	Passer domesticus.	Moineau domestique.
	Passer petronius *.	Moineau soulcie.
	Passer cisalpinus.	Moineau cisalpin.
BOUVREUILS	Pyrrhula erythrina.	Bouvreuil ordinaire.
	Pyrrhula vulgaris.	Bouvreuil vulgaire.
BEC CROISÉ	Loxia curvirostra *.	Bec croisé ordinaire.
	Loxia pithyopsittacus *.	Bec croisé perroquet.
GROS-BEC......	Coccothraustes vulgaris.	Gros bec vulgaire.
VERDIER.......	Fringilla chloris.	Fringille verdier.
PINSONS.......	Fringilla cœlebs **.	Pinson ordinaire.
	Fringilla montifringilla.	Pinson d'Ardennes.
CHARDONNERET ..	Carduelis elegans.	Chardonnet élégant.
LINOTTES	Linota flavirostris *.	Fringille à bec jaune.
	Linaria brevirostris.	"
	Linaria holbœlli.	Fringille de Holboell.
	Fringilla cannabina **.	Linotte ordinaire.
BRUANTS	Serinus hortulanus.	Bruant ortolan.
	Emberiza citrinella **.	Bruant jaune.
	Emberiza miliaria.	Bruant proyer.
	Emberiza schœniclus.	Bruant de roseaux.
	Emberiza cia *.	Bruant fou.
	Emberiza cirlus *.	Bruant zizi.
	Emberiza melanocephala *.	Bruant à tête noire (crocote).
	Emberiza schœni *.	Cynchrame Schœniole.
PLECTROPHANES ..	Plectrophanes nivalis *.	Bruant des neiges.
	Plectrophanes calcaratus.	"
RALES	Râlus aquaticus *.	Râle d'eau.
	Ortigometra minuta *	Ortigomètre menue.

* Nid et œufs.

** Intérieur de nid, nid et œufs.

*** 2 nids et œufs.

BIBLIOGRAPHIE FORESTIÈRE.

A l'occasion de l'Exposition, on a réuni les divers ouvrages publiés par les agents des Eaux et Forêts depuis une vingtaine d'années.

A part de très rares exceptions, ces publications se rapportent toutes plus ou moins directement à des questions forestières.

Elles complètent la collection des notices manuscrites ou imprimés déjà mentionnées qui ont été plus spécialement préparées en vue de l'Exposition universelle.

Voici la liste de ces ouvrages avec les noms des auteurs :

ARBELTIER JULIEN DE LA BOULAYE. Rapport sur l'art de greffer.

— Recherches statistiques sur l'horticulture, la viticulture et la sylviculture.

— L'écritoire du duc Léopold Ier de Lorraine.

— Rapport sur un mémoire de M. Labourasse « Les plantations du pin».

— Les forêts de l'Aube.

BARABAN. A travers la Tunisie.

BARTET. Onze notices sur la sylviculture.

BEDOS. Rapport sur une excursion de la Société scientifique de l'Aude, 1896.

BÉNARDEAU. La restauration des montagnes.

BÉNARDEAU et LABBÉ. La science forestière illustrée.

— Rôle et emploi de la photographie dans le service du reboisement.

BÉNÉVENT. Déboisement et reboisement dans les Basses-Pyrénées.

DE BENOIST. Tarif de cubage au 1/4 sans déduction.

BERT. Note sur les dunes de Gascogne.

BLANC (E.). Route de l'Algérie au Soudan.

BOPPE. Traité de sylviculture.

— Chasse et pêche en France.

BOPPE et REUSS. Missions forestières à l'étranger.

BOUQUET DE LA GRYE. Organisation du service forestier en Roumanie, 1876.

— Les réformes forestières, 1878.

— Les forêts de l'Aube à l'Exposition de 1878, 1879.

— Le régime forestier, 1883.

— Éloge de M. Chevandier de Valdrôme, 1888.

Bouquet de la Grye. Notice bibliographique sur Paul Michaut, 1895.

— Rapport sur le domaine d'Harcourt, 1895.

— Surveillance des forêts, 1898.

- - Éléments de sylviculture, 1899.

Bouvet (M.). Renseignements généraux sur le reboisement.

— Deux bulletins de la Société de Franche-Comté et Belfort.

Breton (L.) Rôle des forêts en temps de guerre.

Briot. Études sur l'économie alpestre.

- - Économie forestière des Hautes-Alpes.

— La question pastorale dans les Alpes.

Broilliard. Le traitement des bois en France, 1894.

— Cours d'aménagement.

Bruand. Droits d'usage dans les forêts de l'État.

Buffault. Étude sur la côte et les dunes du Médoc.

Burel. Étude sur la constitution normale des forêts jardinées, 1888.

Calas. Notice sur les travaux de restauration des terrains en montagne.

— Essences forestières.

- - La processionnaire du pin.

— Le pin laricio de Salzmann.

— Recherches sur les modifications anciennes et récentes du bassin moyen de la Têt.

Caumartin. Les tas de pierres cassées des routes.

Chapelain. Notice sur le périmètre de l'Arc supérieur.

Claudot. Des progrès en sylviculture et dans l'utilisation des produits forestiers.

Delpéré de Cardaillac de Saint-Paul. Cinq articles de journaux et une note manuscrite.

Demontzey. L'extinction des torrents en France par le reboisement, 2 volumes.

Demorlaine. Notice sommaire sur la forêt de Gastes en 1896.

— Notice sur le quarrimètre, 1898.

Desjobert. 15 Notices, de 1892 à 1899.

Devarennes. Notes forestières.

Domet. La forêt d'Orléans.

Dubreuil. Les forêts des Basses-Pyrénées.

Fabre (L.). Le parc et les collections du château de Boléine.

- - Les landes de Lannemezan.

- - Le plateau de Lannemezan.

- Déplacement des cours d'eau vers l'Est.

— Le plateau de Lannemezan (*Bulletin de la société des amis des arbres*).

— Les érosions torrentielles et subaériennes sur les plateaux des Hautes-Pyrénées.

Faure. Améliorations foncières en Allemagne.

Factrat. Note sur les élagages, 1872.
— Observations météorologiques, 1878.
— La forêt d'Halatte et sa Capitainerie, 1887.
— Analyse des résultats des champs de démonstration, 1889.
— Résultats obtenus en 1889, dans les champs de démonstration, 1890.
— Nanteuil, son abbaye, etc., 1892.
— Les missionnaires de France dans le Pacifique, 1895.
Fliche. 24 Notices diverses.
Frochot. Manuel de cubage des bois.
Galmiche. Note sur l'achat et la vente des forêts.
Gaudet. Les bois de Saône-et-Loire.
Gebhart. 4 Notices diverses : forêts du Portugal, Pâturage, etc.
Ghardoni. Le chêne de juin.
— Le chêne de juin, notes complémentaires.
Grandjean. La dune littorale,
— Les landes et les dunes de Gascogne.
Guichet. Législation sur la restauration des terrains en montagne.
Guinier. 12 Notices diverses.
Guiot (L.). Les droits de bandite.
Guyot (C.). Les forêts lorraines jusqu'en 1789.
— L'enseignement forestier en France; l'École de Nancy.
Guyot et Petot. Contrainte par corps en matière criminelle et forestière
Henry. Atlas d'entomologie forestière.
— 15 Notices diverses.
Hickel. 4 Notices diverses; Botanique forestière.
Hufffl. 5 Notices diverses.
— Les arbres et les peuplements forestiers.
Jolyet. Influence de l'espacement des plantes sur la végétation de quelques
essences résineuses.
Kauffmann. Dans la forêt d'Arcachon.
de Kirwan. Études forestières. Exploitabilité et possibilité, 1ʳᵉ partie, 1885.
— Études forestières. Exploitabilité et possibilité, 2ᵉ partie, 1887.
— Bibliographie botanique et forestière, 1893.
— Bibliographie forestière et scientifique, 1893.
— Possibilité par contenance, 1899.
Lafond (A.). Aménagement des forêts de chênes liéges.
Lamey. Le chêne-liège en Algérie, 1879.
— Le chêne-liège, sa culture, son exploitation, 1893.
Larzillière. Les forêts communales.
de Larminat (L.), Les forêts de chêne vert.
— La mort du garde.

Schaeffer. Quatre notices sur la sylviculture.

Seurre. Notice sur les forêts de sapins du Beaujolais.

Tassy. État des forêts en France.

Tessier. Le versant méridional du massif du Ventoux.

Thiéry. Étude sur les petits chemins de fer forestiers, 1889.

— Restauration des montagnes. Correction des torrents, reboisements, 1891.

— Des instruments topographiques, 1899.

Toussaint. Les forêts de l'Ornain et de la Saulx.

de Trégomain. Les forêts du Haut Perche.

de Villeneuve. L'apiculteur amateur.

Violette. Entretien de la dune littorale des Landes.

Vivier. Le rôle des forestiers en temps de guerre.

Volmerange (R.). Réformes à opérer dans le service forestier.

Vanwtberghe. Esquisse synthétique d'économie forestière.

— Exploitation technique des forêts.

Weyd. Pline. Études d'archéologie forestière.

— Historique du cantonnement de Cirey-sur-Vezouge.

Borel (William). Rapport sur les levis du Canton de Genève, 1899.

Divers. *Catalogue de l'exposition forestière de 1895, à Clermont-Ferrand.*

Divers. Règlements. Conditions d'admission. Programme d'enseignement à l'École nationale des eaux et forêts.

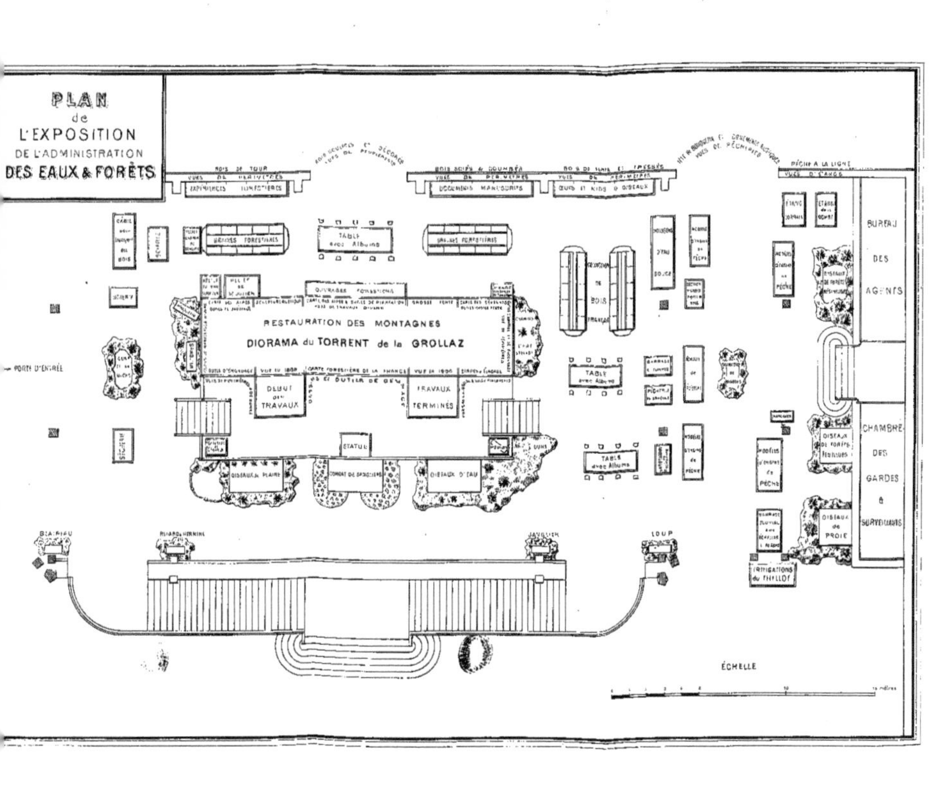

PLAN
de
L'EXPOSITION
DE L'ADMINISTRATION
DES EAUX & FORÊTS
RESTAURATION DES MONTAGNES
DIORAMA du TORRENT de la GROLLAZ
DÉBUT DES TRAVAUX
TRAVAUX TERMINÉS
OUVRAGES FORESTIÈRES
TABLE avec Albums
STATUE
OISEAUX de PLAINE
OISEAUX D'EAU
PORTE D'ENTRÉE
BUREAU DES AGENTS
CHAMBRE DES GARDES & SURVEILLANTS
OISEAUX DE PROIE
LOUP
JAVELOT
ÉCHELLE

Phototypie Berthaud

I. — Exposition des Eaux et Forêts. Vue d'ensemble.

II. — Autre vue d'ensemble.

III. — Rochers avec groupes d'animaux.

IV. — Vue prise de l'entrée principale.

V. — Bois ouvrés et collections de graines.

VI. — Bois de tour.

VII. — Bois sciés et courbés.

VIII. — Pisciculture et collections de bois.